山西工程技术学院优秀学术著作出版支持计划项目

嘧啶稠环化合物的合成及其抗肿瘤活性研究

赵明霞 著

吉林大学出版社

·长春·

图书在版编目（CIP）数据

嘧啶稠环化合物的合成及其抗肿瘤活性研究/赵明霞著. —长春：吉林大学出版社，2020.7

ISBN 978-7-5692-6763-1

Ⅰ.①嘧… Ⅱ.①赵… Ⅲ.①嘧啶—稠环化合物—合成—研究②抗癌药—研究 Ⅳ.①O626.41②R979.1

中国版本图书馆 CIP 数据核字（2020）第 133187 号

书　　名　嘧啶稠环化合物的合成及其抗肿瘤活性研究
　　　　　MIDING CHOUHUAN HUAHEWU DE HECHENG JI QI KANGZHONGLIU HUOXING YANJIU

作　　者　赵明霞　著
策划编辑　代红梅
责任编辑　樊俊恒
责任校对　刘守秀
装帧设计　汇智传媒
出版发行　吉林大学出版社
社　　址　长春市人民大街 4059 号
邮政编码　130021
发行电话　0431-89580028/29/21
网　　址　http：//www.jlup.com.cn
电子邮箱　jdcbs@jlu.edu.cn
印　　刷　长春市华远印务有限公司
开　　本　787mm×1092mm　1/16
印　　张　10.5
字　　数　190 千字
版　　次　2020 年 7 月　第 1 版
印　　次　2020 年 7 月　第 1 次
书　　号　ISBN 978-7-5692-6763-1
定　　价　49.00 元

前 言

癌症是世界上最常见的死亡原因之一,其最重要的特征是细胞生长和增殖的不受控制。细胞周期蛋白依赖性激酶（CDKs）是细胞周期调控的核心分子，细胞周期的调控机制紊乱最终会导致恶性肿瘤的发生。研究发现，几乎所有的肿瘤细胞中都有各种各样的细胞周期蛋白激酶异常表达，抑制CDKs就能够有效地阻止细胞的增殖或促进细胞的凋亡，达到治疗肿瘤的目的。因此，CDKs小分子抑制剂的合成成为抗肿瘤药物研制的热点领域。CDK2是CDKs家族的一员，许多研究人员把目光放在了使用CDK2蛋白结构作为模板来引导药物分子的设计上。吡唑并［1，5-a］嘧啶衍生物被广泛地应用于CDK2激酶抑制剂，并且还有许多研究报道该类化合物对不同的癌细胞系的增殖具有抑制作用。

尽管肿瘤治疗的发展有了显著进步，但是目前仍是缺乏选择性好的细胞毒类药物。在数目众多的抗癌药物中，氮芥双功能烷化剂由于可以通过干扰DNA合成并引起DNA损伤而被广泛应用于临床。许多氮芥类药物，如美法仑、苯丁酸氮芥、环磷酰胺和苯达莫司汀等在癌症治疗方面具有重大意义。然而，这些药物具有许多缺点，比如靶向性较差、化学反应活性高和诱导骨髓毒性等。为了克服氮芥类药物的这些缺点，最有效的策略之一是将烷基化的药效团与亲DNA的分子相连。因此，研究人员设计和合成了许多亲肿瘤杂环作为载体来运送烷基化药效团到肿瘤靶点部位。研究表明，相对于无靶向的烷基化剂来说，与亲和DNA分子连接的烷基化剂可以大大改善治疗功效。铂类抗肿瘤药物是另一类临床上常用的肿瘤治疗药物，比如顺铂、卡铂和奥沙利铂等。但是，这些药物有许多毒副作用，如神经毒性、耳毒性、肾毒性及骨髓抑制等。耐药性是迫使科学家们不断努力开发新的铂抗癌药物的另一个原因。将该类药物与亲肿瘤杂环相连接是克服这些缺点的最有效方法之一。

本书基于吡唑并［1，5-a］嘧啶母核良好的CDK2抑制活性，将氮芥和铂药效团引入到该亲肿瘤杂环上，设计并合成了65个吡唑并［1，5-a］嘧啶氮芥类新化合物和5个吡唑并［1，5-a］嘧啶铂（Ⅱ）配合物，并对它们进行了体内外的抗肿瘤活性评价。建立3D-QSAR和分子对接理论模型，该模型很好地验证了体外抗肿瘤活性实验结果并对该系列化合物的设计合成具有一定的预测能力。此外，我们设计并合成了4个7位碘苯胺取代的吡唑并［1，5-a］嘧啶化合物作为放射性^{125}I标记化合物的标准样品和12个喹唑啉类化合物配体进行^{99m}Tc放射性标记。具体工作简介如下：

1. 设计并合成了65个吡唑并［1，5-a］嘧啶氮芥类新化合物并对其进行了表征。生物活性研究结果表明，化合物8-9i，8-9j，10-19a和10-19b对5种常见人肿瘤细胞系（A549，SH-SY5Y，HepG2，MCF-7和DU145）具有明显的抑制作用。

2. 设计并合成了5个新的铂（Ⅱ）配合物并对其进行了表征。体外抗肿瘤活性实验结果表明，这5个铂化合物对3种人肿瘤细胞系（SH-SY5Y，MCF-7和DU145）抑制作用较差。

3. 细胞周期分析和细胞凋亡的实验结果表明，化合物10-9b和10-19b能够阻滞人肝癌细胞HepG2的细胞周期和诱导该细胞系细胞凋亡。建立了荷人肝癌细胞系HepG2细胞的裸鼠皮下异种移植模型评价化合物10-9b和10-19b的体内抗肿瘤活性，并对化合物10-9b进行了急性毒性实验。

4. 为了更好地解释抑制剂和蛋白激酶之间的相互作用及分子结构和生物活性之间的关系，本研究建立了3D-QSAR和分子对接理论模型。

5. 设计并合成了4个7位碘苯胺取代的吡唑并［1，5-a］嘧啶化合物和12个喹唑啉化合物配体，分别作为放射性^{125}I标记化合物的前体标准样品和放射性^{99m}Tc标记的配体。

本书结合国内外到目前为止所收集到的研究成果和资料汇集编著而成，

所引用的数据和图表都注明了文献出处，对于相关作者对本书的贡献表示衷心的感谢。本书由山西省“1331 工程”材料科学与工程优势特色学科建设项目（编号：YSSY-01）、山西省面上青年基金项目（项目号：201701D221283）和山西工程技术学院自然科学基金项目（项目号：2019002）支持。着重讨论以吡唑并［1,5a］嘧啶为载体的氮芥类化合物的合成及其抗肿瘤活性研究，可作为从事抗肿瘤药物分子设计、合成及生物活性研究的科研等人员的参考书目，希望能够有所帮助。氮芥类药物发展得很快，新的合成、新的方法和新的技术不断涌现，因此，本书在资料收集、取舍及凝练等方面仍存在瑕疵，由于作者水平有限，若有不妥之处，还望读者不吝批评指正。

赵明霞

2020 年 9 月

目　录

第 1 章　细胞周期蛋白依赖性激酶小分子抑制剂的研究进展

恶性肿瘤是一种严重威胁人类生命健康的疾病，是仅次于心血管疾病的第二大死亡原因。近年来，由于环境的恶化及遗传基因等因素的影响，由于恶性肿瘤造成的死亡人数也在不断地增加。因此，恶性肿瘤的治疗已成为人类亟待解决的难题之一。研究发现，多数恶性肿瘤的发生与发展与细胞周期调控机制紊乱有关，而几乎所有肿瘤细胞周期调控机制紊乱都与细胞周期蛋白依赖性激酶（cyclin-dependent kinases，CDKs）过度活化有关。因此，CDKs 已成为肿瘤治疗的重要靶点。选择性地抑制肿瘤细胞的 CDKs 的活性，阻止其异常增殖成为当前肿瘤治疗的新课题，寻找选择性的 CDKs 小分子抑制剂成为广泛研究的热点。

1.1　细胞周期蛋白依赖性激酶（CDKs）

1.1.1　细胞周期与 CDKs

细胞周期（cell cycle）是指细胞从上一次分裂完成开始到下一次分裂结束所经历的全过程，是细胞生命活动的基本过程，这个过程通常包括 G_1 期，S 期，G_2 期和 M 期（图 1-1）。当促进有丝分裂的信号到达细胞核，静止细胞（G_0 期）进入 G_1 期。在 G_1 期阶段的细胞合成必需的蛋白和各种酶，为 DNA 进行复制做准备。基因组 DNA 的复制在 S 期（即 DNA 合成期）进行，经复制后的 DNA 含量加倍。当 DNA 复制完成之后，细胞进入合成后期，即 G_2 期，这一阶段是细胞有丝分裂的准备期。最终完成细胞有丝分裂是在 M 期，细胞在这一阶段分化为两个子代细胞[1-3]。

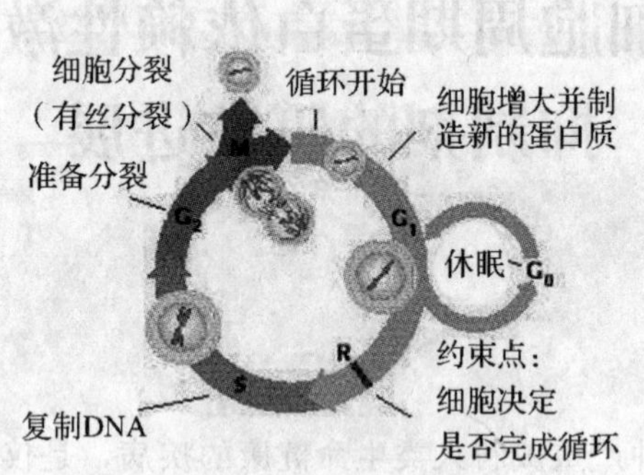

图 1-1　细胞周期模式图

CDKs 属于丝氨酸和苏氨酸激酶家族[4]，人体内已经确认的 CDKs 家族成员一共有 13 个，包括 CDK1～13。不同亚型的 CDK 的同源性在 DNA 序列上超过了 40%，均含有一个保守性催化中心（约 300 个氨基酸），该催化中心的磷酸化和去磷酸化决定了细胞周期的正常运行。但是，单独的 CDKs 没有活性，只有与细胞周期蛋白（cyclin）结合后形成的 CDKs/Cyclin 复合物才具有蛋白激酶的活性[5]。CDKs 可以与 Cyclin 结合形成异二聚体，其中，CDKs 为催化亚基，Cyclin 为调节亚基。不同的 CDKs/Cyclin 复合物通过 CDK 的活性催化不同底物磷酸化从而实现对细胞周期不同时相的推进和转化作用。直接参与细胞周期各个时相转换的蛋白激酶复合物为 CDK4/CyclinD，CDK6/CyclinD，CDK2/CyclinE，CDK2/CyclinA 和 CDK1/CyclinB。细胞周期不同时相及其相应时相发挥作用的蛋白激酶复合物如图 1-2 所示。

CDKs/Cyclin 复合物通过 CDKs 底物的磷酸化实现对细胞周期的调控。具有活性的 CDKs/Cyclin 复合物根据 Cyclin 亚基的不同催化不同底物磷酸化，进而驱动细胞有序地沿着细胞周期由上一个时相有条不紊地进入到下一个时相。从结构来看，CDKs/Cyclin 有 3 个重要功能域：其一，ATP 结合部位和酶活性部分；其二，调节亚基结合部位；其三，P13suc1 结合部位。

CDKs 在细胞周期的特定时间被激活并通过底物的磷酸化促使细胞完成细胞周期。

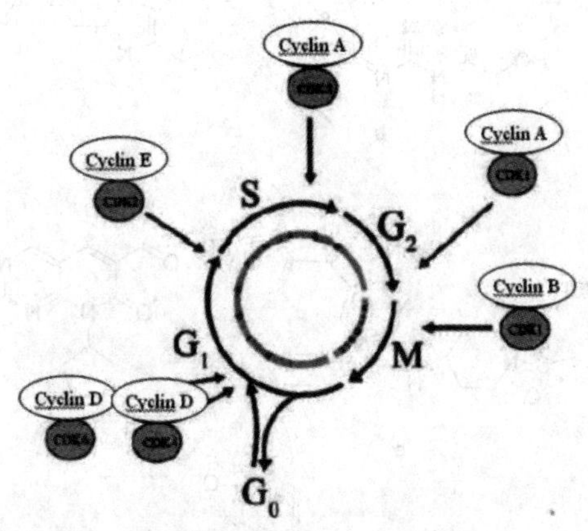

图 1-2　细胞周期不同时相及在相应时相发挥作用的 CDKs/Cyclin 复合物

1.1.2　CDKs 与肿瘤的形成

细胞周期是一个在适宜的环境中高度有序的运转过程，该过程通过对 CDKs/Cyclin 复合物的活性精确调控来实现。正常的细胞周期受到促进和抑制两种调控，这两种调控处于动态平衡过程中。假如这种动态平衡遭到破坏，细胞周期就会失控，最后就会导致肿瘤的形成。研究发现，约 90％的肿瘤中 CDKs 功能异常，故 CDKs 的调控异常成为肿瘤发生的一个标志，通过抑制 CDKs 的活性能够达到治疗恶性肿瘤的目的[6,7]。

1.1.3　CDKs 小分子抑制剂的研究进展

1.1.3.1　处于临床阶段的 CDKs 小分子抑制剂的研究进展

目前，对以 CDKs 为靶点的小分子抑制剂用于肿瘤治疗的研究越来越广泛，如 CDK1，CDK2 和 CDK4 等，这些小分子抑制剂包括嘌呤类、黄酮类、吲哚类、嘧啶并杂环类等。大量临床前和临床试验结果表明 CDKs 小分子抑制剂在体内外均对肿瘤有良好的抑制作用。目前正处于临床试验阶段的 CDKs 小分子抑制剂如图 1-3 所示。

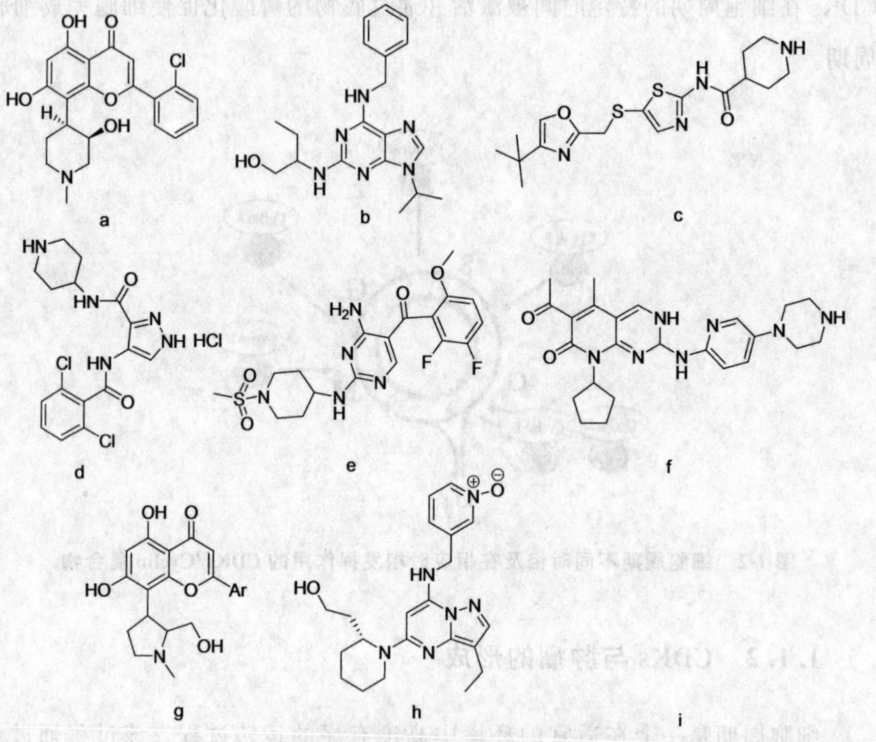

图 1-3　临床试验中的 CDKs 小分子抑制剂

夫拉平度（图 1-3a）是由印度生长的一种植物中提取的以罗希吐碱为先导化合物修饰得到的非选择性 CDK 抑制剂，已经进入Ⅱ期临床研究阶段。文献研究表明，Flavopiridol 对多种 CDKs（CDK1，CDK2，CDK4 和 CDK7）有潜在的抑制作用，其中对 CDK2/cyclinA 的抑制活性最高，半抑制浓度（或称半抑制率，IC_{50}）值为 0.01μmol/L。Flavopiridol 结构中的 4-羰基和 5-羟基分别可以与 CDK2 激酶中主干上 Leu83 的氨基氮原子和 Glu81 的羰基氧原子形成氢键，然后通过与 CDK2 的 ATP 竞争性结合抑制其活性[8]。临床Ⅱ期研究发现，该化合物对治疗前列腺癌、结肠癌、原生质细胞增生瘤、淋巴瘤和多发性骨髓瘤等具有良好的效果[9]。Flavopiridol 是 CDKs 抑制剂中第一个用于临床试验的化合物。

Roscovitine（图 1-3b）能够抑制 CDK1，CDK2，CDK5 和 CDK7，IC_{50} 值的范围为 0.2～0.5 μmol/L，但是对 CDK4 和 CDK6 的抑制作用较差

（IC_{50}＞100 μmol/L）。临床前研究表明，它可以作用于多个细胞周期时相并引起细胞周期停滞和凋亡[10]。对 Roscovitine/CDK2 复合物的晶体结构分析表明，Roscovitine 通过与 CDK2 的 ATP 结合口袋区活性位点结合从而抑制 CDK2 的活性。其中，嘌呤咪唑环上的 8 位氢和 7 位氮分别可以与 CDK2 主干中的 Glu81 羰基氧和 Leu83 氨基氢形成氢键，同时，嘧啶环上的 6 位氨基氢与 Leu83 羰基氧形成氢键。Roscovitine 对 CDK2/CyclinE 的半抑制率（IC_{50}）为 0.7 μmol/L。临床Ⅱ期研究表明，Roscovitine 的口服利用度很好。

SNS-032（图 1-3c）对 CDK2，CDK7 和 CDK9 有很好的抑制效果，半抑制率（IC_{50}）值分别为 0.038 μmol/L，0.062 μmol/L 和 0.004 μmol/L。临床试验结果表明，该药物对晚期慢性淋巴细胞性白血病和多发性骨髓瘤均有很好的疗效[11]。患有转移性实体瘤或难治性淋巴瘤的患者对该药物有很好的耐受性。

AT7519（图 1-3d）对 CDK1，CDK2，CDK4，CDK5，CDK6 和 CDK9 均有很好的抑制效果，半抑制率（IC_{50}）值分别为 0.21 μmol/L，0.047 μmol/L，0.1 μmol/L，0.13 μmol/L，0.17 μmol/L，和 0.01 μmol/L。临床试验结果表明，该药物对多发性骨髓瘤和复发或难治的多发性骨髓瘤治疗效果很好[12]。此外，研究表明，该药物结构的哌啶基的引入能够改善化合物与 CDK2 之间的亲和性，降低该药物的血浆清除率等[13]。

R547（图 1-3e）对 CDK1，CDK2 和 CDK4 均有很好的抑制效果，半抑制率（IC_{50}）值分别为 0.001 μmol/L，0.003 μmol/L 和 0.001 μmol/L。2006 年，HoVmann-LaRoche 对该药进行临床Ⅰ期试验研究[14]。

PD-0332991（图 1-3f）对 CDK4 和 CDK6 具有高度的选择性，而对其他多种蛋白激酶几乎没有活性[15]。该药物对视网膜母细胞瘤呈阳性的肿瘤细胞具有很好的抑制效果，能够诱导细胞 G_1 期阻滞，减少 Rb 蛋白的磷酸化。目前该药物正在进行临床Ⅰ期和Ⅱ期的试验[16]。

P276-00（图 1-3g）能够特异性靶向 CDK2（IC_{50}＝10 nmol/L），而对 CDK1（IC_{50}＝110 nmol/L）和 CDK4（IC_{50}＝130 nmol/L）选择性较差。该

药对多种人类实体瘤有明显的抑制效果，比如人乳腺癌细胞 MCF-7 和大细胞肺癌细胞 H-460 等肿瘤细胞[17]。该药物临床Ⅰ期和Ⅱ期的试验正在进行中。

SCH-727965（图 1-3h）是一个以吡唑并［1,5-a］嘧啶杂环为母体结构的药物，该药物目前正在进行临床Ⅱ期的试验研究，结果表明，该药物的活性与 Flavoriridol 相当[18]。由于吡唑并［1,5-a］嘧啶杂环的水溶性比嘌呤的要小，它更容易进入蛋白激酶的疏水区[19]。

1.1.3.2 非临床阶段的 CDKs 小分子抑制剂的研究进展

2001 年，David A. Nugiel 等人研究报道了一系列茚并［1,2-c］吡唑-4-酮类 CDKs 抑制剂（图 1-4）[20]。该系列化合物对人结肠癌 HCT116 细胞的抑制效果较好。此外，该系列化合物中效果好的化合物在体内对裸鼠异种移植肿瘤的抑制效果也很好，抑制率达到了 43%。

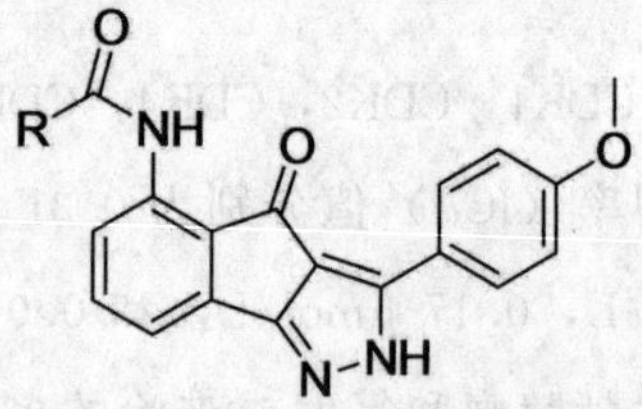

图 1-4　系列茚并［1,2-c］吡唑-4-酮类化合物分子结构

2003 年，Misra R. N. 等人研究报道了一系列吡唑并［3,4-b］吡啶类化合物[21]，该系列化合物对 CDK1 和 CDK2 具有较好的选择性。体外抗肿瘤活性实验结果表明，该系列中代表性化合物（图 1-5）能够阻滞人卵巢癌细胞 A2780 和人结肠癌细胞 HCT116 细胞周期于 G_2/M 期并诱导其凋亡。

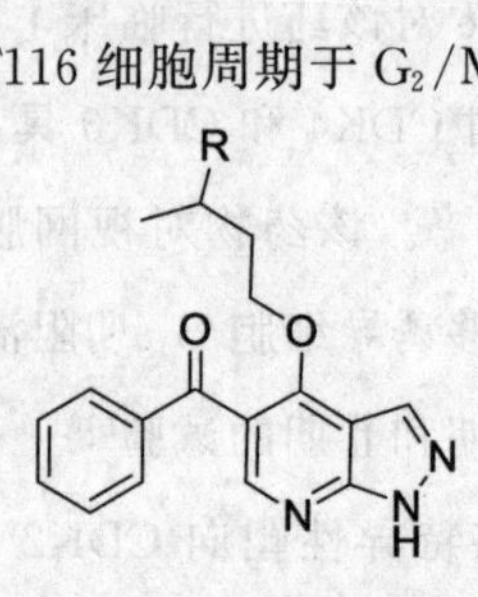

图 1-5　系列吡唑并［3,4-b］吡啶类化合物分子结构

2004 年，Pevarello P 等人研究报道了一系列吡唑类化合物[22]，结果表明，该系列中的代表性化合物（图 1-6a）对 CDK2/CyclinA，CDK2/CyclinE 及 CDK5/p25 的抑制效果较好。此外，该化合物能够有效地抑制肿瘤细胞 HT-29，DU145，HCT116 和 A2780。有进一步的药理试验结果表明，该化合物在裸鼠体内对异种移植肿瘤 A2780 细胞的抑制效果很好，且对主体没有明显的毒性。该课题组在 2005 年报道了另一系列化合物，其代表性化合物结构如图 1-6b 所示[23]。该化合物对 CDK2/CyclinA 的抑制活性与前者相当，但水溶性大大提高。该化合物在裸鼠体内对异种移植肿瘤 A2780 细胞的抑制率高达 70%，且对主体没有明显毒性。

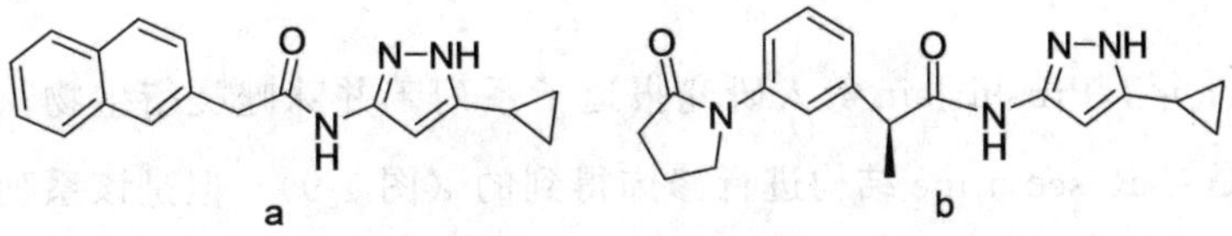

图 1-6　吡唑类代表性化合物的分子结构

2008 年，Ingrid C. Choong 等人合成并报道了类似 SNS-032 结构的一系列化合物（图 1-7），研究结果表明，该系列化合物中部分化合物对 CDK2/CyclinA 和 HCS CDK9 的抑制效果比阳性对照化合物 SNS-032 要好。用小鼠进行实验时，代表性化合物的生物利用度与 SNS-032 相比较高[24]。

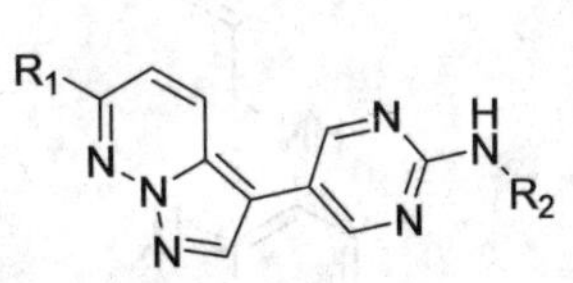

图 1-7　类似 SNS-032 结构的系列化合物分子结构

2009 年，Florence Popowycz 等人在（R）-roscovitine 结构的基础上合成并报道了 4 个类似化合物，效果最好的化合物结构如图 1-8 所示。该化合物对 CDK1，CDK2，CDK5，CDK7 和 CDK9 的抑制效果均比（R）-roscovitine 要好。他们还对这 4 个类似物在体外对人神经母细胞瘤 SH-SY5Y 和人胚肾细胞 HEK293 的活性进行了评价，结果表明，其中 3 个化合物的抑制效果比（R）-roscovitine 要好。该研究对代表性化合物进行了体内异种肿瘤移植模型试验，结果表明，它在体内对人尤因氏肉瘤 A4573 细胞的抑制效果与（R)-roscovitine 相当[25]。

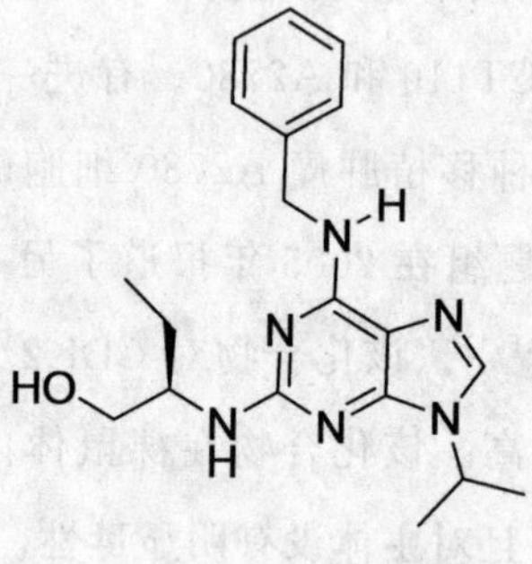

图 1-8 (R)-roscovitine 结构类似化合物

2011 年，Prashi Jain 等人研究报道了系列苯并咪唑类衍生物，该系列化合物是对 Roscovitine 结构进行修饰得到的（图 1-9)。但是该系列化合物对 CDK5/p25 的抑制效果明显比 Roscovitine 的效果差。该报道对代表性化合物与 CDK5 做了分子对接试验，结果表明，该化合物的 1 位 N 原子可以和 CYS83 主干上的氨基氢原子形成氢键，7 位氨基氢原子可以和 CYS83 主干上的羰基氧原子形成氢键[26]。

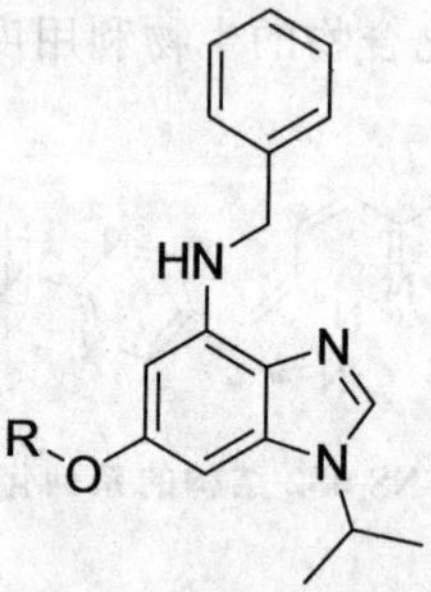

图 1-9 系列苯并咪唑类衍生物的分子结构

2013 年，Doleková 等人合成报道了一系列嘌呤类似物，该系列化合物对 CDK1/CyclinB 及 CDK2/CyclinE 均具有较好的抑制作用。其中，代表性化合物（图 1-10）活性最好，对 CDK1 及 CDK2 的抑制率分别为 0.9 μmol/L 和 0.037 μmol/L[27]。

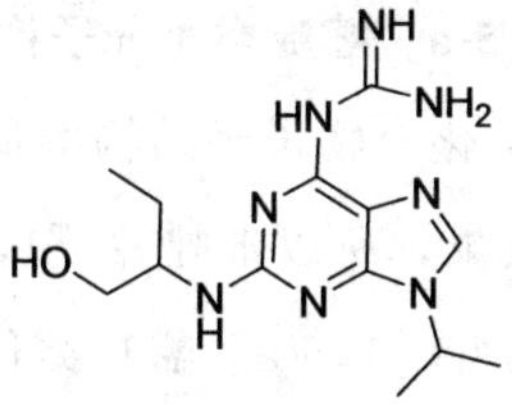

图 1-10 嘌呤结构类似的代表性化合物分子结构

2016 年，Klebl 等人研究了化合物 DRB（图 1-11）对 CDK9 具有较高选择性，对 CDK2，CDK4，CDK6 的 IC_{50} 均大于 10 $\mu mol \cdot L^{-1}$，对 CDK9 的 IC_{50} 为 3$\mu mol \cdot L^{-1}$[28]，其通过卤-π 键的形成阻滞 CDK9 的 ATP 结合口袋，进一步诱导 CDK9 G-loop 构象的改变，这种改变又促进了抑制剂分子的结合。

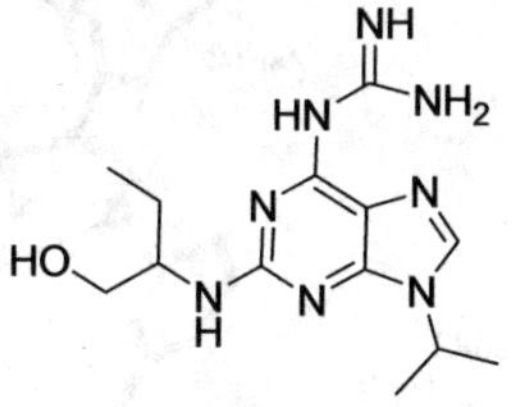

图 1-11 DRB 分子结构

2020 年，Chunhui Cheng 等人[29]报道了合成化合物 7c（图 1-12）对 5 种实体癌细胞株具有良好的抗增殖活性，可阻滞 A375 和 H460 肿瘤细胞于 G_2/M 期，并促进肿瘤细胞凋亡。该化合物对 CDK2 有较强的抑制作用（IC_{50} = 0.30 nmol/L），在 HCT116 异种移植模型中表现出较强的抗肿瘤作用（TGI=51.0%）。

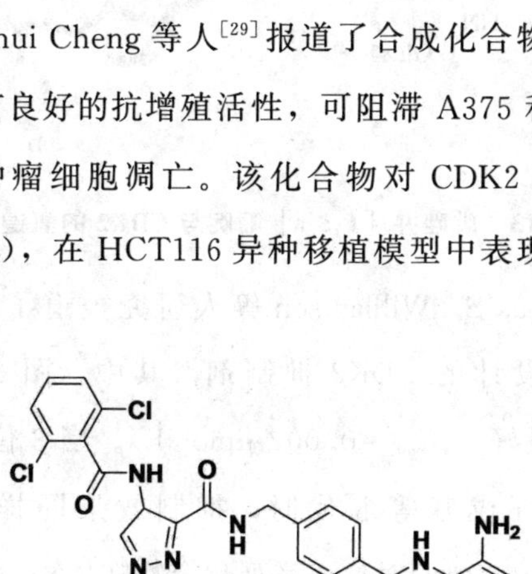

图 1-12 化合物 TC 的分子结构

1.1.3.3 吡唑并［1，5-a］嘧啶类小分子抑制剂的研究进展

吡唑并［1,5-a］嘧啶类化合物母环结构类似于嘌呤，由于 Roscovitine 对 CDKs 有非常好的抑制效果，所以吡唑并［1,5-a］嘧啶类化合物受到广泛的关注，越来越多的吡唑并［1,5-a］嘧啶类化合物被用于药物靶标的合成和研制中。Douglas 等人研究发现[30]，该类化合物的 1 位氮原子和 Leu83 的氨基氢原子之间，吡唑 2 位氢原子与 Glu81 的羰基氧原子及 7 位氨基中的氢原子和 Leu83 的羰基氧原子之间均能够形成氢键（图 1-13a）。

将 3-氰基吡唑并［1,5-a］嘧啶分子与 CDK2 对接研究，结果同样表明，其 1 位 N 原子是重要的氢键受体，能够与 CDK2 主干中的 Leu83 的氨基 H 原子形成氢键，2 位的氢原子是重要的氢键给体（图 1-13b）[31]。

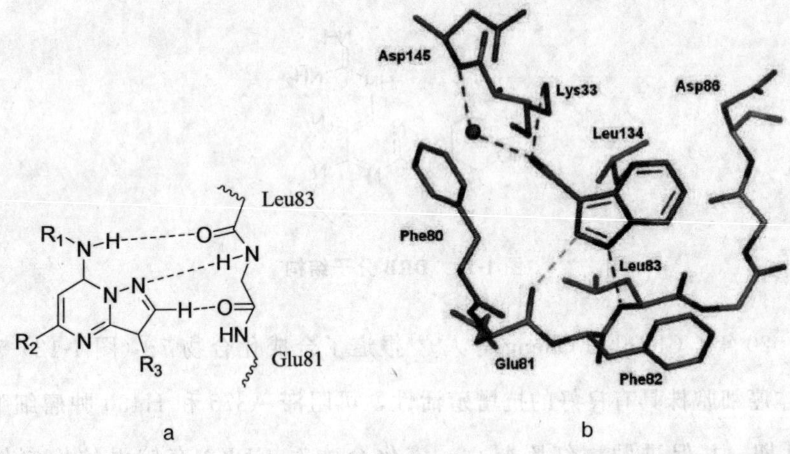

图 1－13 吡唑并［1,5-a］嘧啶与 CDK2 的氢键示意图

2005 年，Douglas S. Williamson 等人研究报道了一系列基于吡唑并［1,5-a］嘧啶结构设计的 CDK2 抑制剂。其中，图 1-14 所示化合物对 CDK2 的抑制效果最好（IC_{50}＝0.002 μmol/L）。当 3 位溴被其他取代基比如 iPr，CN，Cl 及环戊基等取代时，抑制效果同样较好，IC_{50} 范围为 0.004～0.01 μmol/L。他们对这一系列化合物在体外对结肠癌细胞系 HCT 116 的抑制活性做了评价，其中的一些化合物可以很好地抑制结肠癌细胞的增殖[32]。

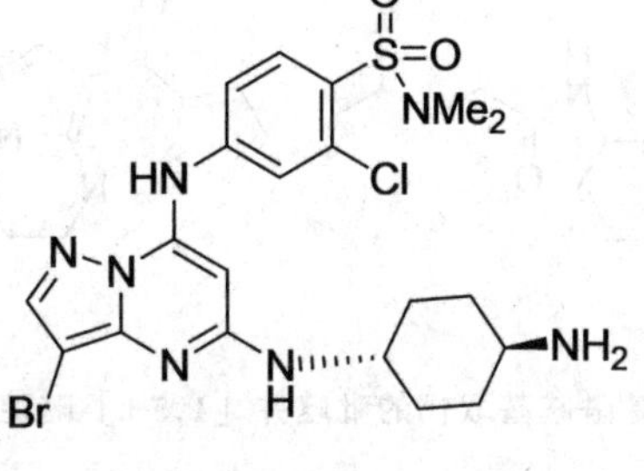

图 1-14 代表性 CDK2 抑制剂的分子结构

2007 年，Kamil Paruch 等人研究报道了系列吡唑并［1,5-a］嘧啶类化合物，该类化合物对 CDK2 有很好的抑制作用。其中，效果最好的化合物结构如图 1-15 所示。该化合物可以口服，在体内对 A2780 肿瘤细胞的抑制率高达 96%且耐受性良好[33]。

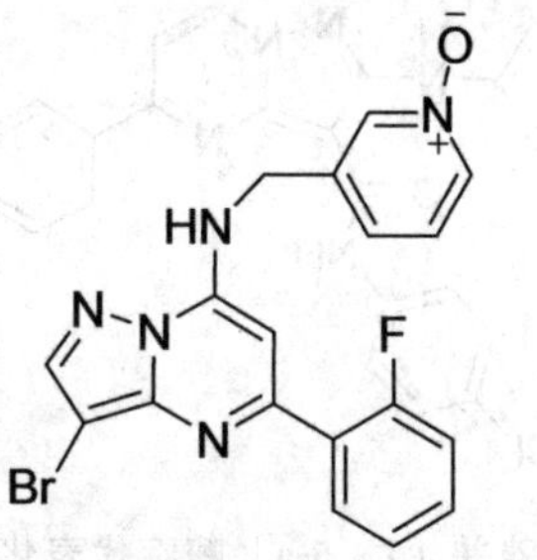

图 1-15 吡唑并［1,5-a］嘧啶类代表化合物分子结构

2009 年，Yanong D. Wanga 等人研究报道了一系列 C-7 苯基酰胺基取代的吡唑并［1,5-a］嘧啶类衍生物，该类化合物对结肠癌细胞系 DLD1，HT29，SW620 和 LoVo 细胞的抑制效果都很好。其中，图 1-16a 所示化合物在体外对上述四种肿瘤细胞系的半抑制率（IC_{50}）为分别为 0.021 μmol/L，0.045 μmol/L，0.042 μmol/L 和 0.036 μmol/L。他们用筛选出的化合物（图 1-16b）做了体内研究，所用肿瘤模型为人结肠癌细胞系 LoVo 裸鼠异种移植模型，研究结果表明，该化合物在体内能够抑制肿瘤增长，抑制率为 24%[34]。

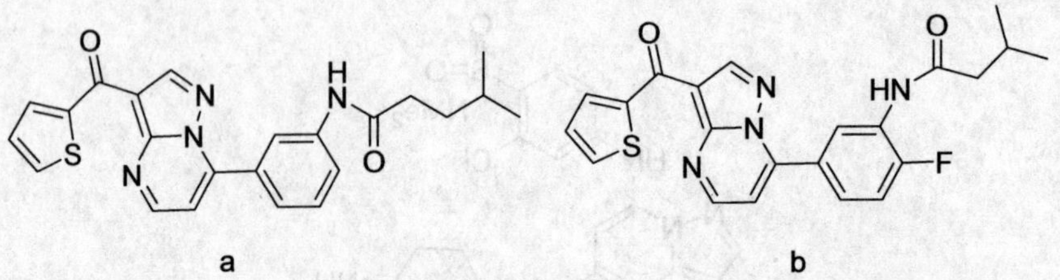

图 1-16　C-7 苯基酰胺基取代的吡唑并［1,5-a］嘧啶化合物分子结构

2009 年，Osama M. Ahmed 等人研究报道了一系列吡唑并［1,5-a］嘧啶类化合物，该系列中代表性化合物结构如图 1-17 所示。该化合物在体外对人肝癌细胞 HepG2 及人宫颈癌细胞 Hela 等四种肿瘤细胞均有很好的抑制效果。其中，图 1－17 所示化合物对 Hela 肿瘤细胞的抑制效果最好，抑制率为 0.4 μmol/L[35]。

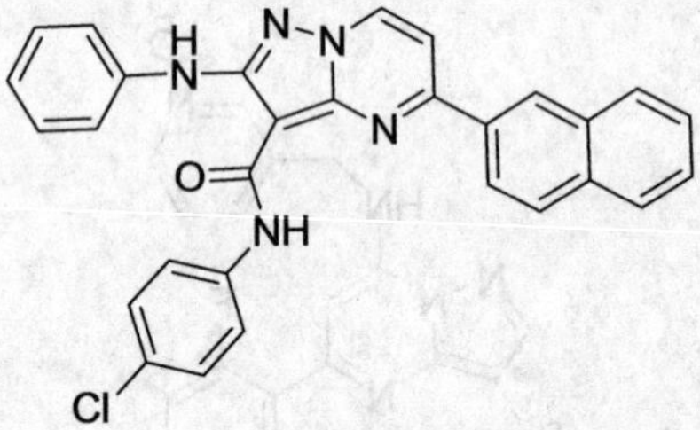

图 1-17　吡唑并［1, 5-a］嘧啶代表化合物分子结构

2010 年 Dean A. Heathcote 等人研究报道了一个潜在的选择性抑制 CDKs 的化合物，如图 1-18 所示，该化合物能够很好地抑制 CDK1，CDK2，CDK5，CDK7 和 CDK9，IC_{50} 分别为 30 nmol/L，3 nmol/L，30 nmol/L，250 nmol/L 和 90 nmol/L。该化合物可以将细胞周期阻滞于 S 和 G_2/M 期，并且在体外对 60 种肿瘤细胞的增殖有抑制作用，其中，对肿瘤细胞系 MCF-10A 和 HCT-116 的抑制率均达到了 0.1 μmol/L。同时，该化合物在体内对肿瘤细胞系 MCF-7 的抑制率与阴性对照相比达到了 40%（给药方式为腹腔注射），且对主体没有明显毒性。该化合物的口服效果也很好，药代动力学研究表明，它的口服生物利用度达到了 88%。当给药剂量为

25mg/kg/d 时，该化合物在体内对 HCT116 的增殖抑制率为 50%，裸鼠体重变化不明显[36]。

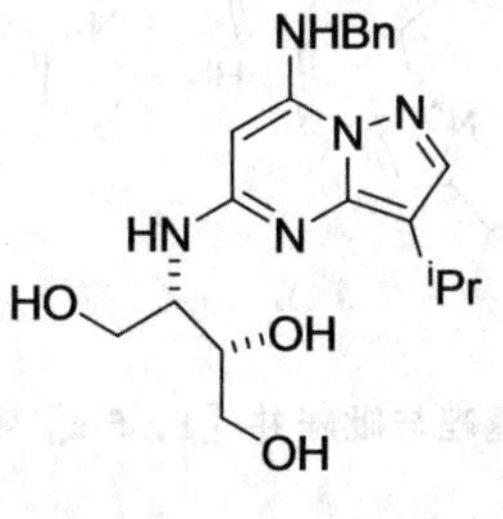

图 1-18 潜在选择性抑制 CDKs 的化合物分子结构

2012 年，Tomomi Kosugi 等人研究报道了一系列吡唑并［1,5-a］嘧啶类衍生物，其中，图 1-19a 所示化合物对 CDK2 的半抑制率（IC_{50}）为 0.055 μmol/L。他们在研究中发现，吡唑并［1，5-a］嘧啶的 3 位若有取代基（—Cl，—Br 或者—CN）时对 CDK2 的抑制效果会大大增强。图 1-19b 表示的化合物 IC_{50} 为 0.004 μmol/L，比前者增强了 14 倍[37]。

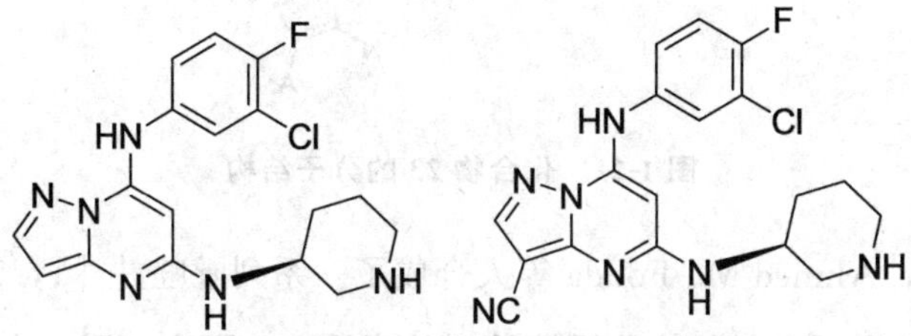

图 1-19 系列吡唑并［1,5-a］嘧啶衍生物分子结构

2013 年，Ahmed Kamal 等人研究报道了将苯并噻唑与吡唑并［1,5-a］嘧啶相连接的一系列化合物（图 1-20）。体外抗肿瘤活性研究表明，该类化合物对五种所选用的肿瘤细胞抑制效果明显，其中两个抑制效果较好的化合物对五种不同肿瘤的半抑制率范围分别为 2.01～7.07 μmol/L 和 1.94～3.46 μmol/L。此外，这两个化合物能够将人肺癌细胞 A549 细胞周期阻滞于 G2/M 期并能够诱导细胞凋亡[38]。

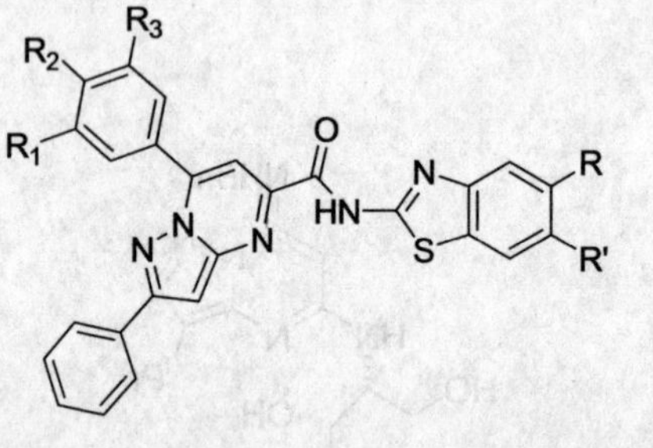

图 1-20　系列苯并噻唑与吡唑并［1，5-a］嘧啶连接化合物结构

2019 年，Jian-kang Jiang 等人设计合成了系列吡唑并［1，5-a］嘧啶类化合物，研究表明，部分化合物是很好的活性素受体激酶（ALK2）抑制剂，其中，化合物 23（图 1-21）展示了良好的 ADME 和体内药物动力学性能[39]。

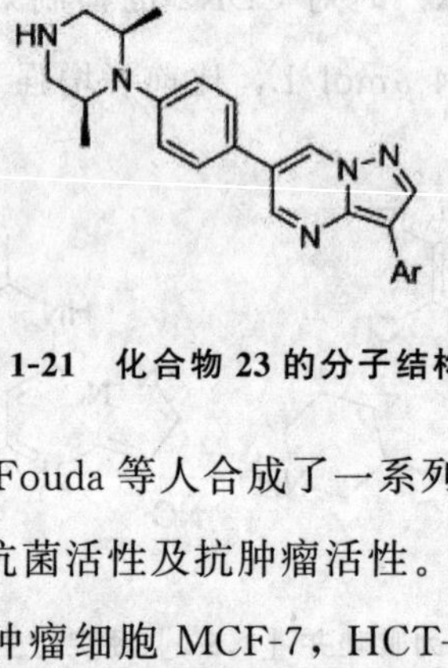

图 1-21　化合物 23 的分子结构

2019 年，Ahmed M. Fouda 等人合成了一系列吡唑并［1，5-a］嘧啶类化合物，并研究了它们的抗菌活性及抗肿瘤活性。研究表明，大多数合成的化合物具有抑菌活性；用肿瘤细胞 MCF-7，HCT-116 和 HepG-2 测试了化合物的抗肿瘤活性，半抑制率范围为 0.3～3.4 μmol/L，其中，筛选出的化合物 8b（图 1-22）效果最好[40]。

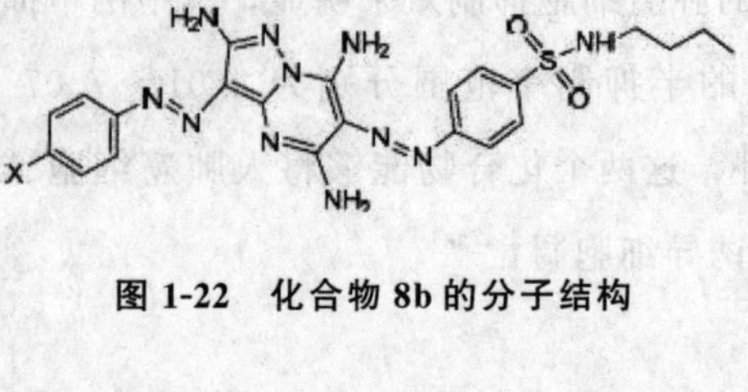

图 1-22　化合物 8b 的分子结构

第 2 章　氮芥类抗肿瘤药物的研究进展

氮芥类抗肿瘤药物属于细胞毒类药物，与其他各种抗肿瘤药物相比，该类药物在临床上使用较早且具有广谱抗肿瘤活性。目前氮芥类抗肿瘤药物已经有多种应用于临床，包括烷基类、磷酰胺类、芳基类等，在肿瘤治疗方面占有重要的地位。但是氮芥类抗癌药物同时也存在许多缺点，比如特异性较差、治疗效率较低及不良反应大等。因此，科研工作者们对该领域的研究热情日趋高涨，每年都新增许多有关新型氮芥衍生物的报道，以期得到选择性高且毒性较小的抗肿瘤药物。

2.1　氮芥类抗肿瘤药物的作用机理

氮芥类抗肿瘤药物从结构上看包含烷基化部分和载体部分，属于双功能烷化剂。烷基化部分是抗肿瘤活性的功能基团，该类药物的作用机理一般认为是烷基化功能团通过在体内生成一个高度活泼的碳正离子或是具有高度反应活性的亚乙基亚胺离子，之后与生物大分子中富含电子的基团发生烷化反应，比如氨基、羟基、巯基、磷酸基和羧基等。高度活泼的亚乙基亚胺离子与 DNA 的烷基化反应主要在鸟嘌呤的 7-N 原子或者是腺嘌呤的 3-N 原子上发生，尤其是 DNA 中的嘌呤的 7-N 原子[41]。氮芥药效团中的一个氯乙基与 DNA 发生烷基化反应后，另一个氯乙基烷化基团能够继续与生命体中的其他物质发生反应，比如水解、DNA 链内或链间烷基化及与蛋白质之间发生烷基化反应等[42]。载体部分能够改善氮芥类药物在体内的吸收及分布等药代动力学性质，从而影响该类药物的选择性、毒性及抗肿瘤活性。所以，在设计合成氮芥类药物时，选用不同的载体具有非常重要的意义。

2.2 临床氮芥类抗肿瘤药物的研究进展

临床上常用的氮芥类抗肿瘤药物如图 2-1 所示。

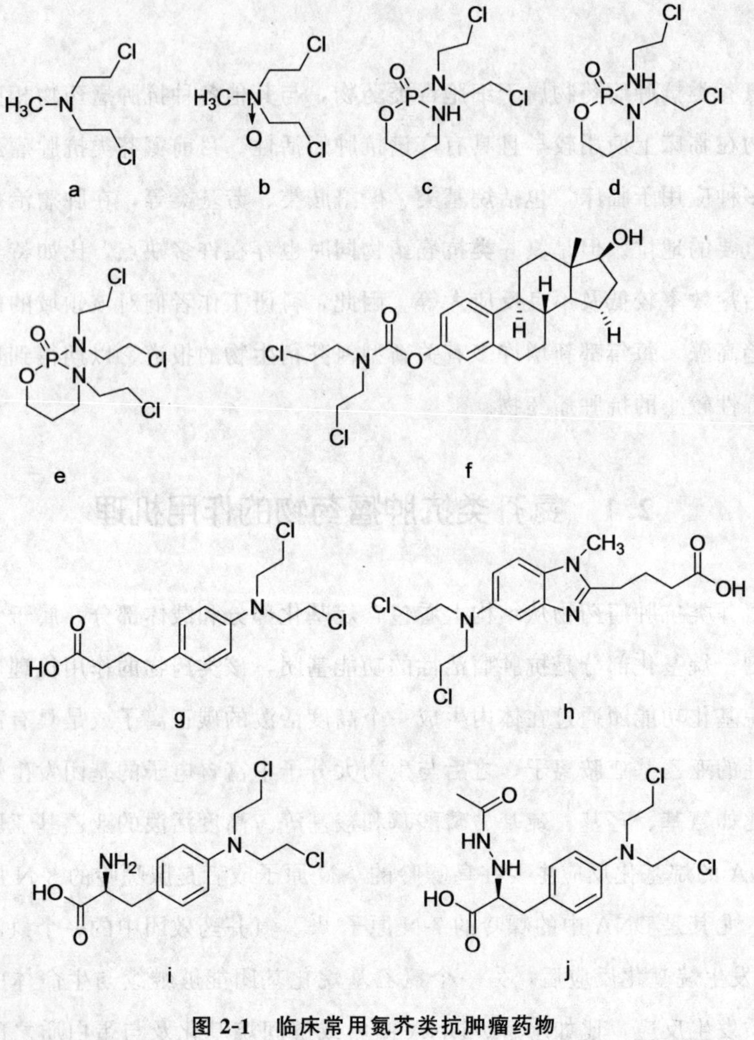

图 2-1 临床常用氮芥类抗肿瘤药物

早在 20 世纪 40 年代，科学家就研制出了第一个抗肿瘤氮芥类药物——甲基氮芥（图 2-1a）。甲基氮芥是临床上应用最早且疗效显著的抗肿瘤药物，能够治疗淋巴瘤，但是其毒副作用较大。图 2-1b 所示化合物盐酸氧氮芥的活性和毒性比甲基氮芥的都要小，该药物通过在体内被还原成甲基氮芥起作用。图 2-1c 所示化合物为环磷酰胺，在临床上可治疗急性淋巴细胞白血病、恶性淋巴瘤、多发性骨髓瘤及神经母细胞瘤等，同时对卵巢癌、鼻咽癌和乳腺癌等也有效果，是一种广谱性抗癌药物[43,44]。由于氮芥基团直接与吸电子的磷酰基相连，使氯原子的毒性降低，故而环磷酰胺在体外几乎没有抗肿瘤效果。环磷酰胺进入体内后，主要通过肝脏代谢转化为磷酰胺氮芥而起到抗肿瘤作用[45]。该药物的成本较低，只有大剂量使用时才会有不良反应发生，所以用药时要注意适度。另外，环磷酰胺对系统性红斑狼疮和多发性硬化症等也有很好的治疗效果[46,47]。图 2-1d 所示的药物异环磷酰胺和图 2-1e 所示的药物曲环磷酰胺在结构和抗肿瘤机理上与环磷酰胺类似，但相比环磷酰胺的治疗指数较高及毒性相对较小，同时与其他的烷化剂没有交叉耐药性。在临床上主要应用于肺癌、乳腺癌、睾丸癌、肉瘤、恶性淋巴瘤及白血病等的治疗[48]。雌二醇氮芥（图 2-1f）在体内主要代谢为雌二醇和雌酮氮芥两种产物[49]。该药物兼具雌二醇和氮芥双重功效，对前列腺细胞的亲和能力较强，能够抑制前列腺癌细胞的增殖且促使癌细胞凋亡。在临床上，雌二醇氮芥主要用于晚期前列腺癌的治疗。苯丁酸氮芥（Chlorambucil，图 2-1g）目前主要应用于慢性淋巴白血病的治疗[50]，同时该药物对恶性淋巴瘤、卵巢癌、多发性骨髓瘤、绒毛膜上皮癌、霍奇金病和原发性巨球蛋白血症均具有一定的疗效[51,52]。研究结果表明，苯丁酸氮芥主要是通过在体内与鸟嘌呤 7-N 原子和腺嘌呤 3-N 原子发生烷化反应形成链间交联的 DNA 而对肿瘤细胞起到抑制作用[53]。苯达莫司汀（图 2-1h）是由德国研究人员 Ozegowski 和 Krebs 在 1963 年首次合成并在 1993 年上市的一种双功能烷化剂抗肿瘤药物。2008 年，该药物被批准用于慢性淋巴白血病和惰性 B 细胞非霍奇金淋巴瘤的治疗[54]。研究表明，该药物在体外能够有效地诱导实体瘤细胞的凋亡[55]，在体内单独给药或是联合给药对霍奇金淋巴瘤和非霍奇金淋巴瘤的抑制效果很好[56]。苯达莫司汀药物分子在结构上由芥氮基团、苯并咪唑杂环和丁酸侧链三部分构成，其抗肿瘤机理明显不同于其他的烷化剂[57]。通过对比试验表明，苯达莫司汀对 DNA 的破坏能力明显比环磷酰胺及卡氮芥等其他烷化剂强，并且它的药效更持久[58]。左旋苯丙氨酸氮芥（图 2-1i）临床上主要用来治疗卵巢癌、乳腺癌、淋巴癌、黑色素瘤及多发性骨髓瘤[59-61]。该药的毒副作用及刺激性均相对较小，甚至可以口服。氮甲（图 2-1j）是通过对左旋苯丙氨酸氮芥结构的修饰得到的，对精原细胞瘤疗效显著，同时对骨髓瘤及淋巴瘤等也有较好的抑制效果，毒性相对于左旋苯丙氨酸氮芥要低。

2.3 非临床氮芥类抗肿瘤药物的研究进展

双功能烷化剂尤其是氮芥类衍生物在肿瘤药物的发展中占有重要地位。临床上使用的氮芥类抗肿瘤药物大都为细胞毒性的，对肿瘤细胞缺乏选择性和特异性，体内给药后在病灶杀死肿瘤细胞的同时对正常细胞也会产生伤害，导致许多毒副作用的产生。因此，降低氮芥类抗肿瘤药物的毒副作用成为癌症治疗的一个重大研究课题。为克服氮芥类药物毒性高和选择性差的缺点，最有效的方式之一是靶向给药。靶向给药既能增加药物疗效，又能降低药物对正常组织细胞的损伤。为此，将氮芥药效团与具有特异性的生物大分子载体相连接或与肿瘤中高表达受体的配体相连接成为目前氮芥类药物研究的热点之一。

1989 年，Masao Koyama 等人以蒽醌为母体环合成了一系列化合物，其中，氮芥基团直接与蒽醌相连的化合物（图 2-2）在体外对人早幼粒白血病细胞 HL-60 和白血病细胞 L1210 有很好的抑制作用[62]。

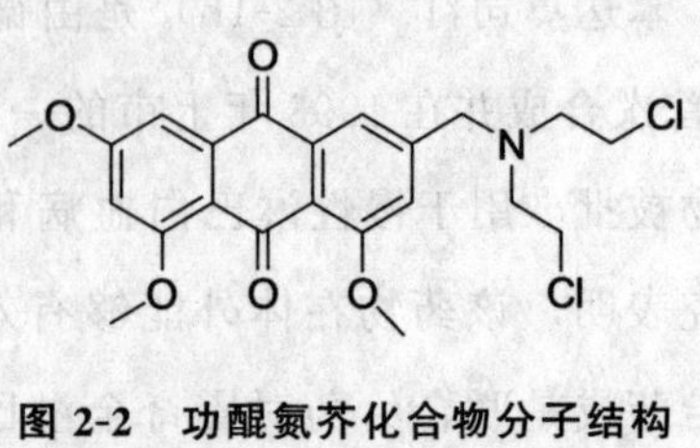

图 2-2　功醌氮芥化合物分子结构

2002 年，Pier Giovanni Baraldi 等人将氮芥与偏端霉素相连合成了一系列化合物（图 2-3），体外抗肿瘤试验表明，该系列化合物对人白血病细胞 K562 具有较好的抑制作用，效果最好的化合物对 K562 细胞的半抑制率达到了 70 nmol/L。同时该研究表明，这一系列化合物能够通过特异性地识别 DNA 小沟的碱基序列[63]。

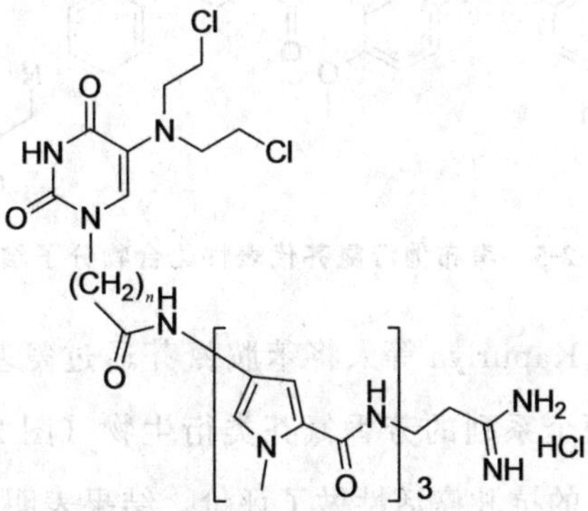

图 2-3 偏端霉素氮芥代表化合物分子结构

2004 年，M. G. Ferlin 等人研究报道了 2 个以 3H-吡咯并［3,2-f］喹啉杂环为载体的苯胺氮芥化合物。代表性化合物（图 2-4）在体外对人早幼粒白血病细胞 HL-60 和人宫颈癌细胞 Hela 的抑制作用明显，半抑制率（IC_{50}）分别为 0.45 μmol/L 和 0.6 μmol/L。研究表明，该化合物能够与 DNA 发生交联且能与生物大分子形成复合物[64]。

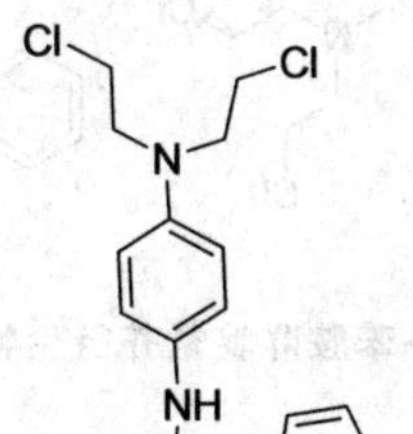

图 2-4 3H-吡咯并［3,2-f］喹啉氮芥化表性化合物分子结构

2005 年，Beatrice Coggiola 等人将氮芥基团与考布他汀相连得到系列化合物，其中，代表性化合物（图 2-5）在体外对神经母细胞瘤 SH-SY5Y 的抑制效果非常好，半抑制率达到了 0.64 nmol/L。该代表性化合物能够将 SH-SY5Y 细胞周期阻滞于 G_2/M 期[65]。

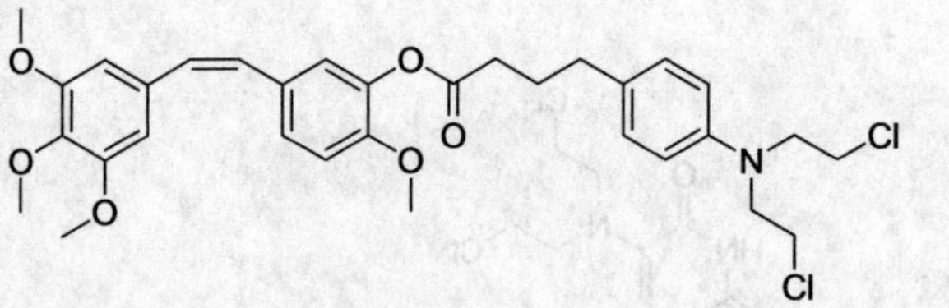

图 2-5　考布他汀氮芥代表性化合物分子结构

2009 年，Naval Kapuriya 等人将苯胺氮芥通过氨基甲酸或碳酸与 9-苯胺吖啶连接合成了两个系列的芳香氮芥类衍生物（图 2-6）。该课题组对这这些化合物在体内外的抗肿瘤活性做了评价，结果表明，这些化合物在体外对多种肿瘤的增殖均有很好的抑制作用，所筛选出的用于体内给药的两个化合物对肿瘤的抑制作用明显，抑制率高达 98%和 89%，尽管裸鼠体重给药期间有所下降（下降幅度为 8%～15%），但停药之后又缓慢回升[66]。

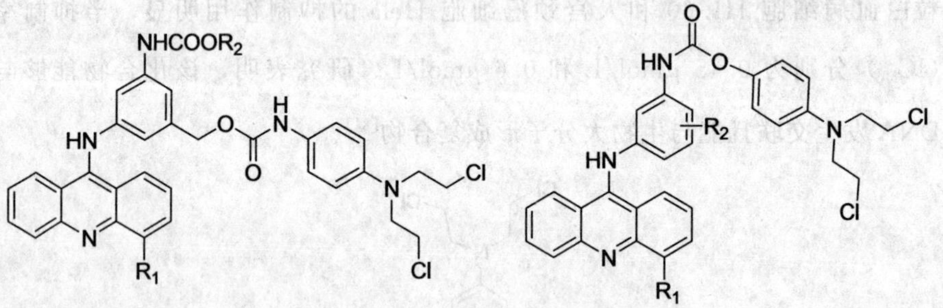

图 2-6　9-苯胺吖啶氮芥衍生物分子结构

为了增加苯胺氮芥类化合物的水溶性和稳定性，该课题组将一些亲水性的基团通过脲与苯胺氮芥相连，这些基团能够通过形成盐酸盐或其他类型的盐而溶于水。该系列化合物（图 2-7）中的取代基是 N，N-二甲胺类或环胺类功能团，在体外对 CCRF-CEM 及 MCF-7 等十种肿瘤细胞系的抑制效果均很好。该课题组将筛选出的效果好的化合物对非小细胞肺癌细胞周期进行了监测，发现该化合物可以将细胞周期阻滞于 G_2/M 期。另外，该化合物在体内对人乳腺癌细胞 MX-1 的增殖具有很好的抑制作用，且对裸鼠的毒性较小[67]。

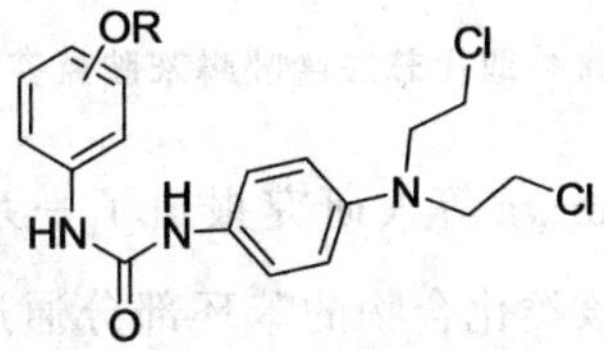

图 2-7 亲水性苯胺氮芥代表化合物分子结构

2010 年，Rajesh Kakadiya 等人将苯胺氮芥通过脲或肼甲酰胺与喹啉相连，合成了系列化合物（图 2-8），这些化合物在体外对多种肿瘤细胞的增殖有明显的抑制作用，对人急性淋巴白血病细胞系 CCRF-CEM 的半抑制率（IC_{50}）达到 42 nmol/L。他们筛选出了五个化合物做了体内试验，建立了荷人乳腺癌细胞系 MX-1 裸鼠异种移植模型，五个化合物中效果最好的化合物对肿瘤的抑制率为 78%[68]。

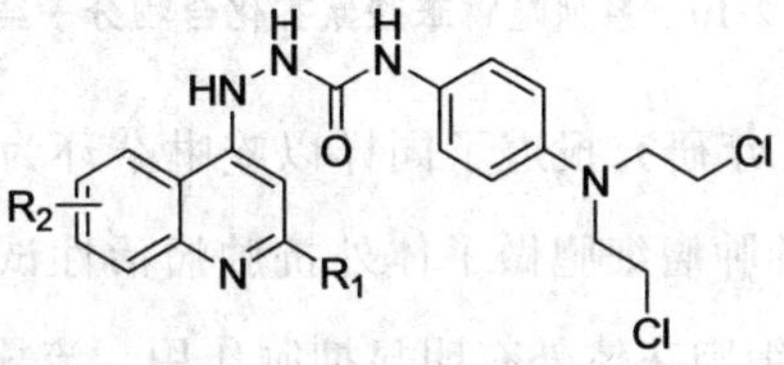

图 2-8 系列喹啉苯胺氮芥化合物分子结构

2011 年，BhavinMarvania 等人研究报道了以 7-取代苯胺喹唑啉为载体与苯胺氮芥基团相连的系列化合物（图 2-9）。该系列化合物在体外对多种肿瘤有明显的抑制作用，能够将细胞周期阻滞于 G_2/M 期。体内研究结果表明，该系列化合物中筛选出的代表性药物对荷人乳腺癌细胞系 MX-1 和人前列腺癌细胞系 PC-3 裸鼠的肿瘤抑制率达到了 54%～57%，裸鼠体重变化不明显。体内外研究结果表明，该类化合物具有很好的抗肿瘤效果[69]。

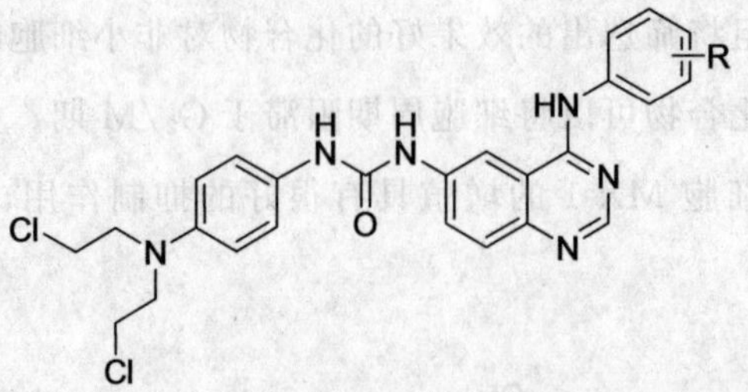

图 2-9 系列 7-取代苯胺喹唑啉苯胺氮芥化合物结构

2011 年，Naval Kapuriya 等人研究报道了一系列以喹啉为载体的苯胺氮芥化合物（图 2-10），该类化合物的苯环部分通过酰胺或醚键与各种亲水性侧链相连接。初步的抗肿瘤活性研究结果表明，这些化合物在体外具有很强的细胞毒性，在体内对异种移植肿瘤有很好的疗效。在最大耐受剂量时代表性化合物对裸鼠异种移植人乳腺癌肿瘤细胞 MX-1 完全缓解并且显著抑制前列腺癌细胞 PC3 的增殖，具有相对较低的毒性。碱性琼脂糖凝胶迁移实验结果表明该新合成的化合物能够诱导 DNA 交联[70]。

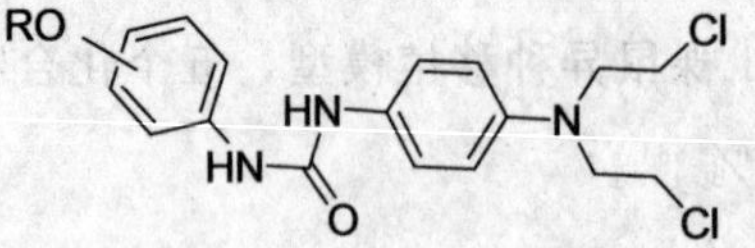

图 2-10 系列喹啉苯胺氮芥化合物分子结构

该课题组在 2014 年研究报道了同样以喹啉杂环为载体的苯胺氮芥化合物（图 2-11），对六种肿瘤细胞做了体外抗肿瘤活性试验，结果表明，该系列化合物对所选肿瘤细胞在体外有明显抑制作用。流式细胞仪检测细胞周期和凋亡试验表明，该系列中代表性化合物能够将人肺癌细胞 H460 阻滞于 G_2/M 期并能够诱导细胞凋亡[71]。

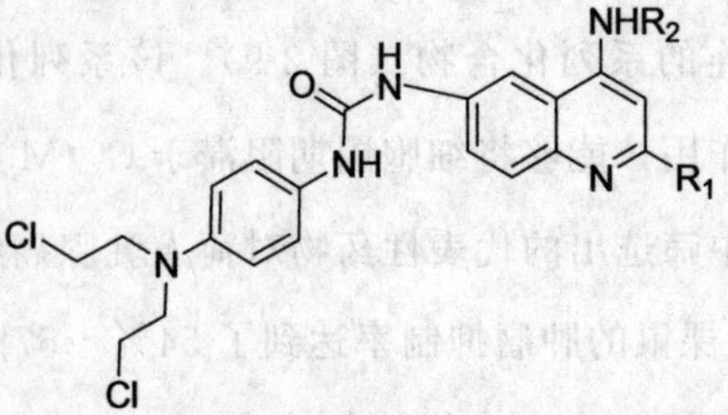

图 2-11 系列喹啉苯胺氮芥化合物分子结构

2012 年 Jie Ren 等人报道了以刺芒柄花素杂环为载体的氮芥化合物（图 2-12），该系列化合物在体外对所选用的人神经母细胞瘤 SH-SY5Y 及人前列腺癌细胞 DU-145 等五种肿瘤细胞均具有较好的抑制作用，其中，效果较好的化合物对人神经母细胞瘤 SH-SY5Y 的半抑制率（IC_{50}）为 2.17 μmol/L。所筛选出的效果较好的化合物能够将人结肠癌细胞 HCT-116 和人宫颈癌细胞 Hela 阻滞于 G_2/M 期，并且能够诱导这两种肿瘤细胞凋亡[72]。

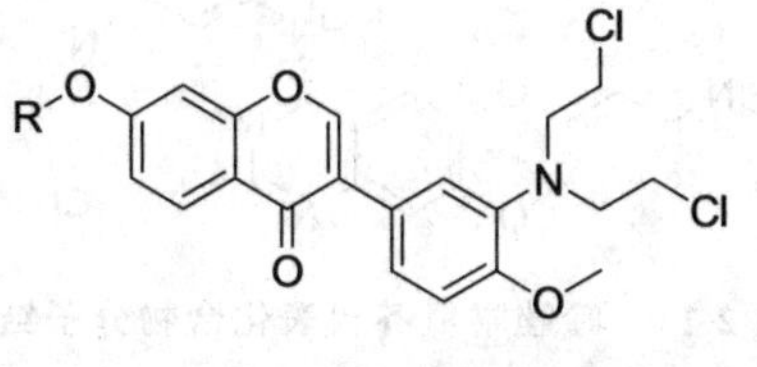

图 2-12　系列刺芒柄花素氮芥化合物分子结构

2013 年，Dominic Bastien 等人研究报道了将苯丁酸氮芥与睾酮相连的化合物（图 2-13），体外抗肿瘤试验结果表明，该化合物能够选择性地抑制激素依赖性前列腺癌细胞系（LNCaP（AR_+））。因此，该新化合物有希望成为潜在的靶向治疗激素依赖性前列腺癌的药物[73]。

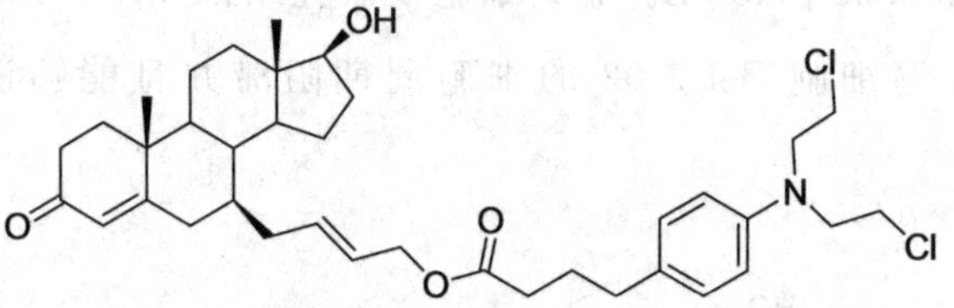

图 2-13　苯丁酸氮芥与睾酮相连代表化合物分子结构

2013 年，齐传民课题组李石磊和王潇将苯胺氮芥直接与喹唑啉相连得到了系列抗肿瘤效果良好的氮芥类衍生物。其中，效果最好的化合物结构如图 2-14 所示。体外研究表明，该化合物对多种肿瘤细胞具有很好的抑制作用，其中，对人肝癌细胞系 HepG2 的半抑制率（IC_{50}）为 3.06 μmol/L。该化合物能够将 HepG2 细胞周期阻滞于 G_2/M 期，同时能够诱导 HepG2 细胞凋亡。选用人肝癌细胞系 HepG2 对该化合物做了体内研究，结果表明，该化合物在体内对 HepG2 肿瘤细胞增殖抑制作用明显，当剂量同为 20mg/kg 时，该化合物对肿瘤细胞 HepG2 的抑制效果要好于阳性对照药物索拉非尼。为了增加该化合物的溶解性，该课题组宁红玉将其制备成了盐酸盐，使其在水中的溶解性大大增加，体内外抑制肿瘤的效果均比单体形式更加好一些。目前，对该化合物的生物评价正在进一步研究中[74]。

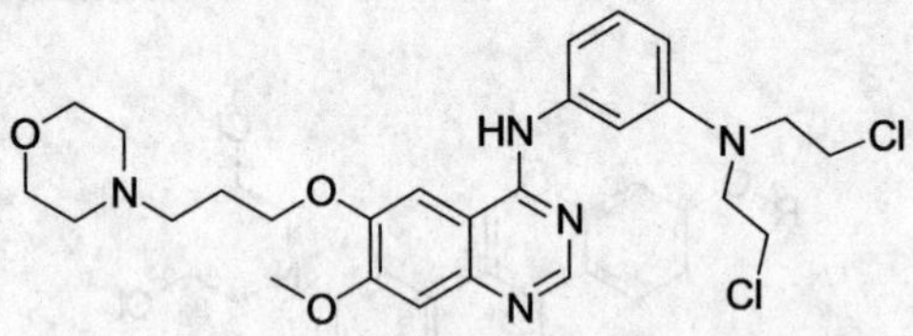

图 2-14 喹唑啉氮芥代表化合物分子结构

2014 年，ShengtaoXu 等人报道了一系列以天然冬凌草甲素为载体的新型氮芥类化合物（图 2-15），体外试验结果表明，该类化合物在体外对所用的四种肿瘤细胞均有明显的抑制作用，其中的一些化合物比母体对照药物冬凌草甲素都要好。代表性化合物在体外对人肝癌细胞系 Bel-7402 和人乳腺癌细胞系 MCF-7 有明显的抑制作用，对这两种肿瘤细胞的半抑制率分别为 0.5 μmol/L 和 0.68 μmol/L。流式细胞仪研究结果显示，该代表性化合物能够引起人肝癌细胞 Bel-7402 的细胞周期阻滞并且能够诱导细胞晚期凋亡[75]。

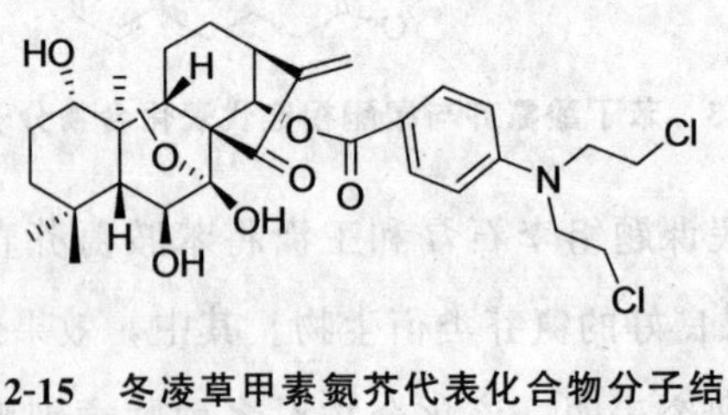

图 2-15 冬凌草甲素氮芥代表化合物分子结构

2014 年，Marco Di Antonio 等人将苯丁酸氮芥通过 Click 反应连接到 G-四链体的配体 PDS 上（图 2-16），研究探讨了苯丁酸氮芥与 PDS 结合后得到的交联剂与 G-四连体靶向结合后的生理活性及作用机制。研究表明，该交联剂作用机制不同于以往临床的重要交联剂[76]。

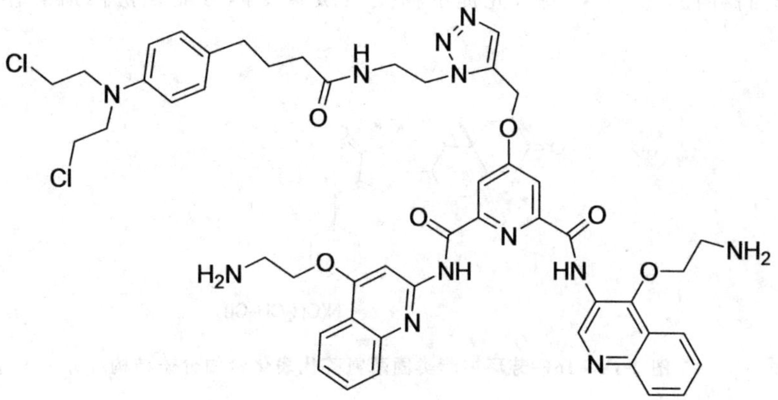

图 2-16 交联剂分子结构

2014 年，Satishkumar D. Tala 等人研究报道了将苯胺氮芥与苯烷基酰胺相连的系列水溶性氮芥类化合物（图 2-17），该类化合物具有广谱的抗肿瘤活性，对所选用的肿瘤细胞均具有较好的抑制作用。代表性化合物与 5-氟尿嘧啶联合给药时能够有效地抑制裸鼠异种移植的人结肠癌细胞 HCT-116，前列腺癌细胞 PC3 和肺癌细胞 H460 肿瘤的生长，其中，人结肠癌细胞 HCT-116 移植瘤的生长几乎完全被抑制。此外，该化合物能够诱导 DNA 交联和使细胞周期阻滞在 G_2/M 期。在大鼠中的药物代谢动力学研究和急性毒性研究结果均表明该化合物是一种很有前途的候选药，值得进行进一步的临床前研究[77]。

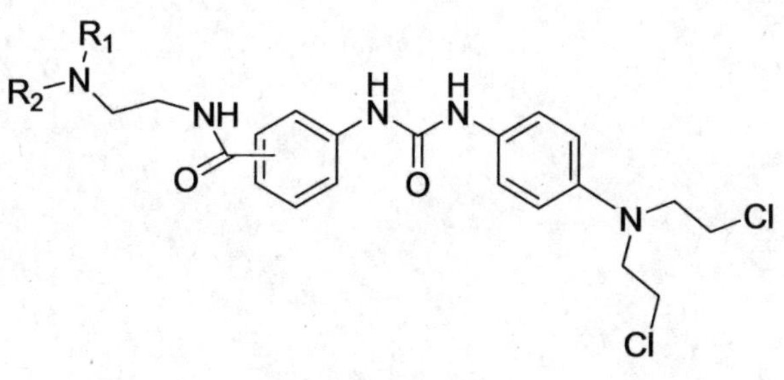

图 2-17 系列苯烷基酰胺氮芥化合物分子结构

2018 年，Pratap Chandra Acharya 等人研究报道了 16E-芳环内酯类固

醇与氮芥相连的化合物的抗肿瘤活性（图 2-18）。合成的化合物可以对白血病具有特异性，分子对接研究提示糖皮质激素受体可能是抗白血病作用的靶点[78]。

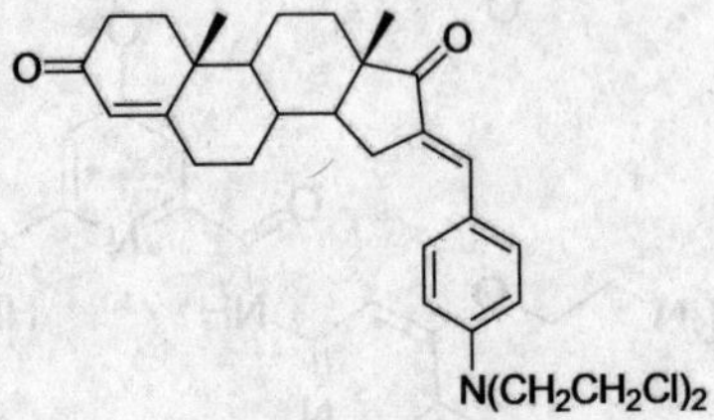

图 2-18　16E-芳环内酯类固醇氮芥代表化合物分子结构

第3章 铂类抗肿瘤药物的研究进展

铂类抗肿瘤药物是临床上用于治疗癌症的重要药物，在肿瘤的化疗中占有非常重要的地位。铂类药物的抗癌活性强并且作用机制独特，是一类广谱性抗癌药物，因而备受关注，成为目前抗肿瘤药物研究的热点之一。但该类药物存在一些缺点，比如严重的毒副作用和耐药性等，大大限制了该类药物在临床上的应用。通过靶向给药可以降低铂类药物的毒副作用，提高该类药物的疗效及克服耐药性[78]。将铂类药物与肿瘤中高表达受体的配体连接，用该类对肿瘤细胞有高度选择性及积聚性的载体将铂药物运送到肿瘤组织，可以达到靶向给药的目的。近年来，由于环境污染及遗传基因等多种因素的影响，癌症的发病率和死亡率不断升高，因此设计与合成新型铂类抗癌药物对人民的健康具有重大意义。

3.1 铂类抗肿瘤药物的作用机理

铂类药物的抗癌作用机理与传统的有机药物有所不同。研究表明，该类药物的抗癌机理分为四个步骤[79]：

(1) 跨膜运转。铂类抗癌药物进入人体后首先受到细胞膜的阻碍，由于其分子为电中性，同时分子体积小，且结构中有脂溶性基团，容易跨膜运转进入细胞。

(2) 水合解离。铂类抗癌药物进入细胞内后很快发生水合解离反应，生成水合配离子 $[Pt(NH_3)_2(H_2O)_2]^{2+}$。

(3) 定向迁移。DNA 位于细胞核内且带有负电荷，是细胞的遗传物质。带正电的水合配离子受到 DNA 的静电吸引作用会定向快速迁移到细胞核，到达靶目标。

(4) 与 DNA 加合。$[Pt(NH_3)_2(H_2O)_2]^{2+}$ 的化学性质非常活泼，当它到达 DNA 时，DNA 碱基嘌呤的 7 位 N 与 DNA 配位形成加合物，从而使 DNA 的正常复制受阻而抑制癌细胞的分裂。

3.2 临床铂类抗肿瘤药物的研究进展

临床上常用的铂类抗肿瘤药物如图 3-1 所示。

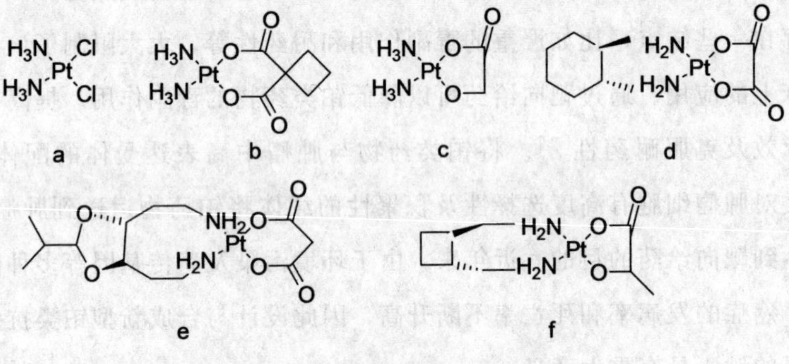

图 3-1 临床常用铂类抗肿瘤药物

顺铂（图 3-1a）是 1978 年在美国首次上市的铂类抗肿瘤药物。它是第一个被用来治疗癌症的无机物，对许多肿瘤有效，例如宫颈癌、卵巢癌、睾丸癌鼻咽癌、前列腺癌、肺癌、淋巴肉瘤及恶性骨肿瘤等，尤其是对睾丸癌的应答率达到了 90%。但是，顺铂同时存在着严重的毒副作用，比如神经毒性、耳毒性、肾毒性、恶心和呕吐等，使其在临床上的应用受到了很大的限制。卡铂（图 3-1b）是继顺铂之后的第二代铂类抗癌药物，于 1986 年在英国首次上市，1990 年在中国批准上市。卡铂同样抗癌谱广，对多种肿瘤有效。此外，卡铂的肾毒性及恶心呕吐均低于顺铂，它的主要毒副作用表现为骨髓抑制。奈达铂（图 3-1c）1995 年首次在日本被获准上市。单独给药时对头颈部癌、食道癌及睾丸肿瘤等肿瘤的抑制率大于或等于 25%。该药的限制剂量毒性为骨髓抑制。奥沙利铂（图 3-1d）于 1996 年首次在法国上市，活性与顺铂相当。奥沙利铂安全性与顺铂相比较好，并且与顺铂、卡铂无交叉耐药性。临床上将该药与 5-氟尿嘧啶和甲酰四氢叶酸联合给药用于晚期结肠癌或直肠癌的治疗。舒铂（图 3-1e）于 1999 年首先在韩国上市，临床上主要用于胃癌的治疗。该药的副作用较低。洛铂（图 3-1f）于 2001 年首先在中国上市，临床上主要用于乳腺癌和小细胞肺癌治疗，主要的毒副作用表现为骨髓抑制[80-85]。

3.3 非临床铂类抗肿瘤药物的研究进展

铂类抗肿瘤药物在临床上得到了广泛的应用，尽管如此，该类药物严重的毒副作用和耐药性仍然限制了它们的临床应用。由于靶向给药可以选择性地将药物传递到靶点部位，因此近年来铂类药物的靶向治疗受到越来越多的关注。将铂类药物与肿瘤中高表达受体的配体相连接是目前铂类抗肿瘤药物的研究方向之一。

2002 年，Sohn. R 等人研究报道了以卟啉类衍生物作为靶向给药载体的磺酸卟啉铂水溶性化合物（图 3-2a）。由于卟啉类衍生物可以选择性地在肿瘤组织聚集，该药对肿瘤具有明显的定位作用[86]。该课题组在 2003 年研究报道了新的离子型卟啉铂化合物（图 3-2b），该化合物在具有明显抗肿瘤活性的同时对肿瘤的靶向性也很好[87]。

2003 年，Desco Teaux C 等人研究报道了以雌二醇为载体的铂化合物（图 3-3）。由于一些前列腺癌和乳腺癌中存在高表达的雌激素受体，该课题组选择人乳腺癌细胞株 MCE-7 和 ZR-75-1（激素依赖型）及 MDA-MB-231 和 HS578T（非激素依赖型）进行体外活性评价，所合成的铂化合物体外抗肿瘤活性都很好，但是对激素依赖型细胞株并没有表现出更好的抑制作用[88]。

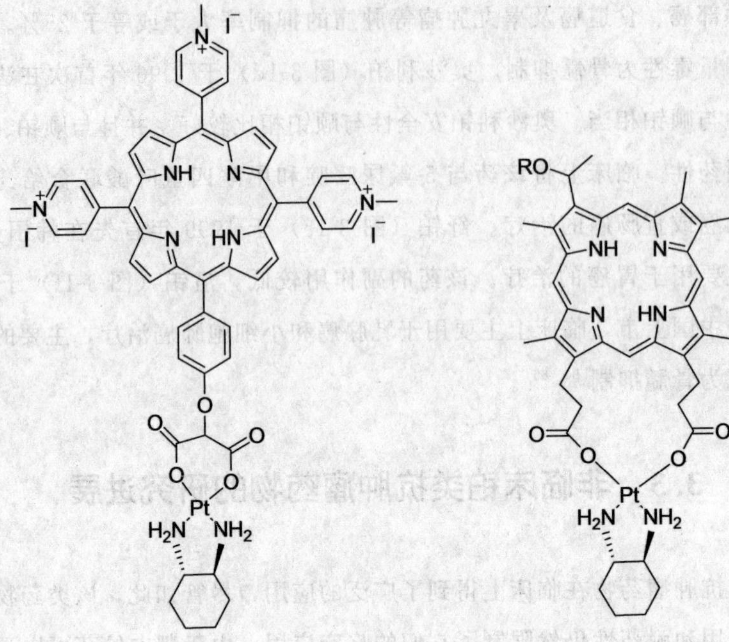

图 3-2　卟啉铂代表化合物分子结构

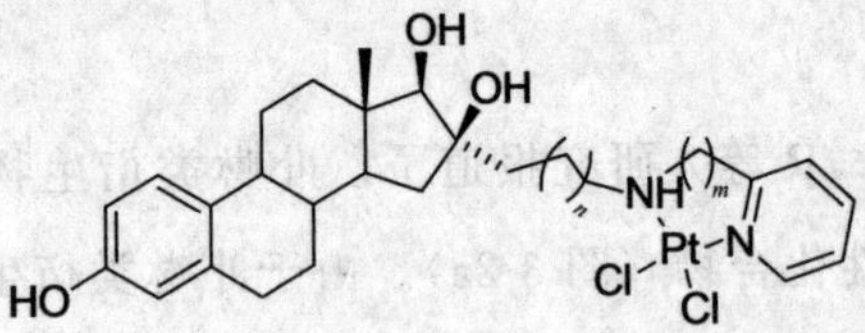

图 3-3　雌二醇铂代表化合物分子结构

2005 年，Momekov G 等人研究报道了以双磷酸酯为载体的靶向性铂化合物（图 3-4）。由于双磷酸酯对骨骼有高度的亲和力，该药对大鼠骨肉瘤有明显的抑制作用[89]。

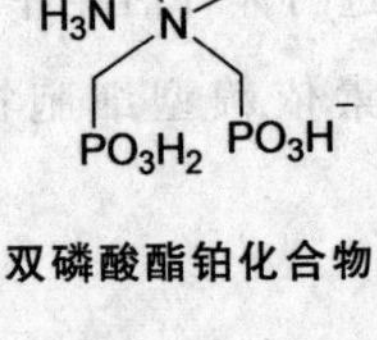

图 3-4　双磷酸酯铂化合物分子结构

2006 年，Barbara C 等人研究报道了胆酸铂化合物（图 3-5）。由于许多特异性的胆酸转运蛋白存在于肝脏及回肠细胞的细胞浆中，而其他正常细胞中没有，因此，胆酸可以将药物传递到肝脏等组织中。该课题组基于胆酸这个特点设计合成了胆酸铂化合物。该化合物有口服活性，并且毒性比较低[90]。

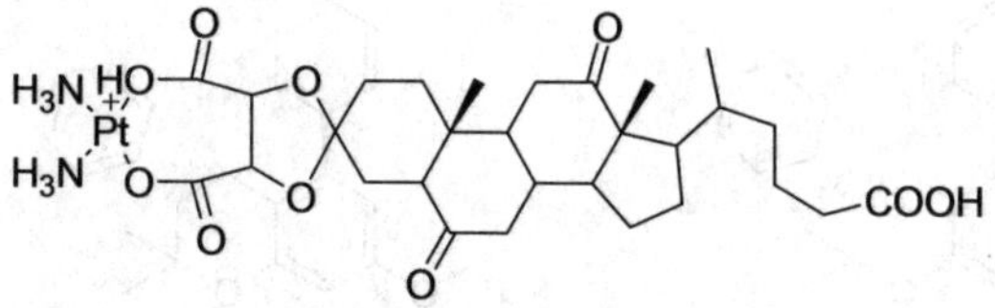

图 3-5　胆酸铂化合物分子结构

2007 年，N. Margiotta 等人研究报道了一系列以外周苯二氮卓受体（PBR）为靶点的铂化合物（图 3-6a），他们将铂部分与 PBR 受体的配体相连，使这些化合物成为潜在的靶向肿瘤的药物[91]。该课题组在 2010 年合成报道了类似化合物（图 3-6b），经过结构修饰后的化合物保持对 PBR 的高亲和力和选择性，细胞毒性与顺铂相当。此外，它们对顺铂不敏感的人卵巢癌 A2780 细胞同样有抑制效果[92]。

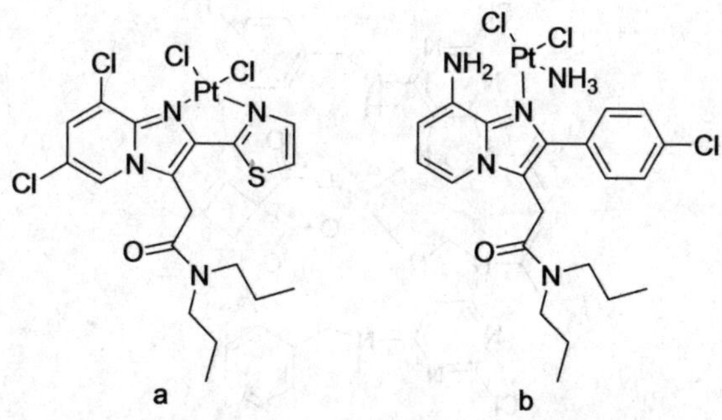

图 3-6　以 PBR 为靶点的铂化合物分子结构

2008 年，Gupta A 等人研究报道了以非甾体雌激素为靶点的铂化合物，铂（Ⅱ）部分通过不同长度的链与雌二醇相连（图 3-7a）。体外抗肿瘤活性试验结果表明，它们针对不同的激素依赖性和非依赖性乳腺癌细胞系的毒活性显著。当与铂配位的胺由脂肪胺变成芳香胺时（图 3-7b），体外抗肿瘤试验研究结果显示，芳香胺的铂配合物比脂肪胺的类似物更有效。然而，该连接基团链的长度对生物学活性几乎没有影响[93]。

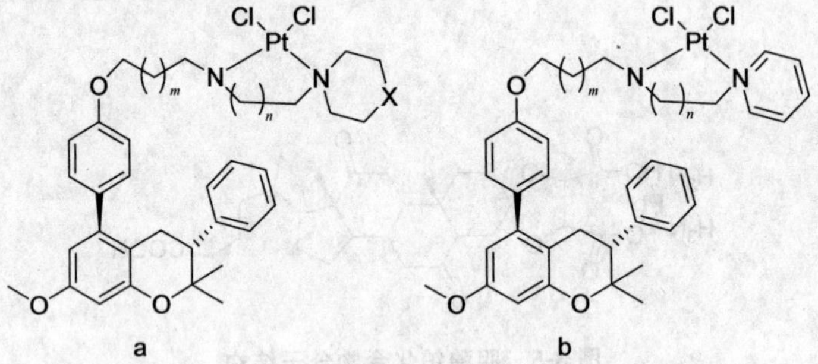

图 3-7　雌二醇铂化合物分子结构

2010 年，Lukás Dvorák 等人研究报道了 6 个包含嘌呤结构的铂类化合物（图 3-8），该课题组对这些化合物的体外抗肿瘤活性做了评价，所选肿瘤细胞株为人乳腺癌细胞 MCF-7 和人白血病细胞 K-562。结果表明，这个系列的化合物对这两种肿瘤细胞有明显的体外抑制作用，部分化合物的抑制效果好于顺铂和奥沙利铂[94]。

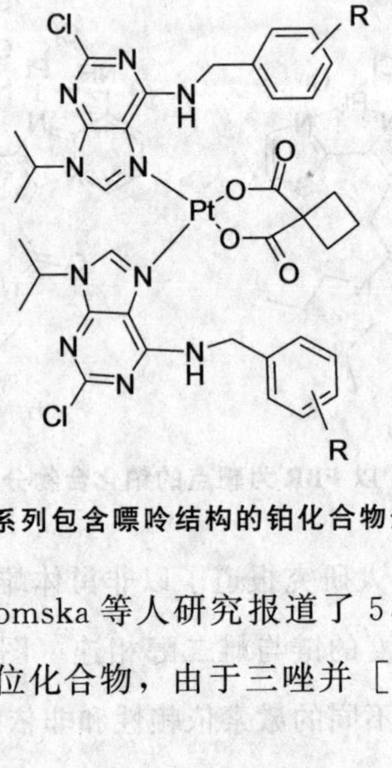

图 3-8　系列包含嘌呤结构的铂化合物分子结构

2012 年，Iwona Lakomska 等人研究报道了 5，7-二叔丁基-1，2，4-三唑并［1，5-a］嘧啶铂配位化合物，由于三唑并［1，5-a］嘧啶结构类似于嘌呤，该类铂化合物有可能会靶向 DNA。对人肺癌细胞 A549 和乳腺癌细胞 T47D 的体外抗肿瘤活性试验结果表明，图 3-9 所示化合物对 T47D 肿瘤细胞有很好的抑制效果最好[95]。

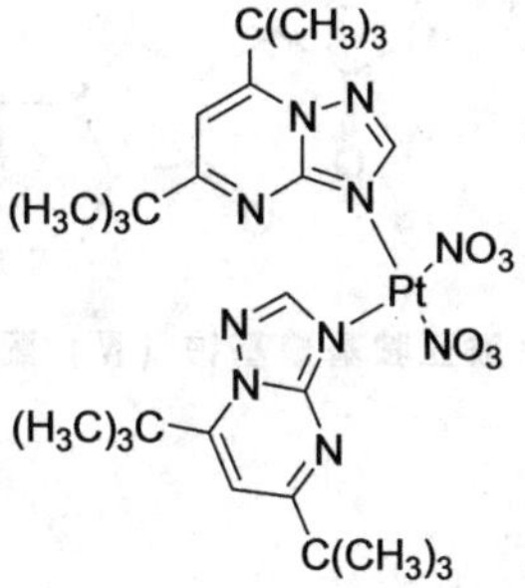

图 3-9 5，7-二叔丁基-1，2，4-三唑并［1，5-a］嘧啶铂配合化分子结构

2014 年，Xu-Jian Luo 等人研究报道了三个含咪唑并菲咯啉的铂化合物（图 3-10）。他们用 MTT 法对这三个化合物进行了体外抗肿瘤活性研究，结果表明，这些化合物对 SPC-A-2 及 MGC80-3 等四种人类肿瘤细胞株表现出很强的细胞毒性，半抑制率（IC_{50}）的范围为 4.7～23.3 μmol/L。该类化合物能够将人卵巢癌 HeLa 细胞的细胞周期阻滞于 G_1 期且能够诱导细胞凋亡[96]。

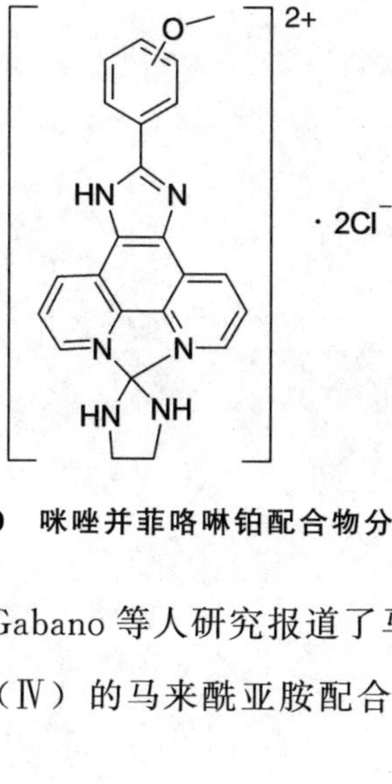

图 3-10 咪唑并菲咯啉铂配合物分子结构

2019 年，Elisabetta Gabano 等人研究报道了马来酰亚胺基羧基铂（Ⅳ）配合物（图 3-11），含铂（Ⅳ）的马来酰亚胺配合物和用呋喃修饰的二氧化

硅纳米粒子之间的反应成功地证明了功能化载体在药物传递中的可点击性[97]。

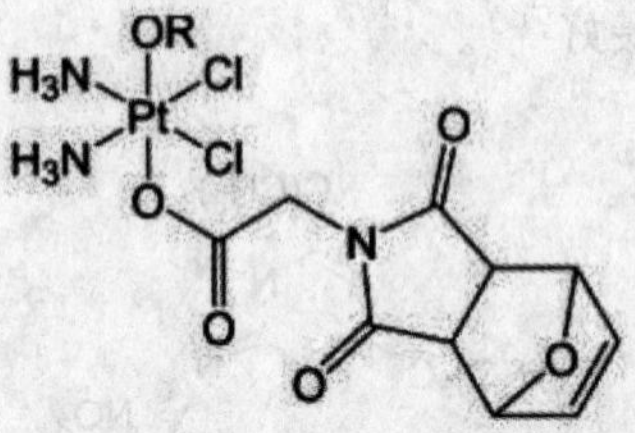

图 3-11　马来酰亚胺基羧基铂（Ⅳ）配合物分子结构

第4章　以吡唑并［1，5a］嘧啶类化合物为载体的氮芥和铂类衍生物的理论设计

4.1　设计依据

恶性肿瘤严重危害人类的生命健康，虽然近几年随着肿瘤分子生物学等学科的发展，在治疗肿瘤方面取得的一些进展，但是截止到目前，仍然没有十分有效的治疗手段。研究发现，细胞生长的失控和细胞周期失调是多数恶性肿瘤发生和发展的共同特征，因此，调节或者阻断细胞周期是治疗恶性肿瘤及其他一些恶性增生性疾病的有效途径之一。

越来越多的文献报道了吡唑并嘧啶类衍生物具有多种药物活性，比如抗炎、抗菌、抗肿瘤、抗病毒及镇定催眠等[98-104]。由于吡唑并嘧啶类衍生物的结构与嘌呤相似，该类化合物在抗肿瘤新型药物研制中受到广泛青睐。其中，吡唑并［1，5-a］嘧啶类衍生物对多种肿瘤细胞的增殖具有抑制作用，并且对CDK2及其他一些蛋白激酶有抑制活性，被广泛用于抗肿瘤新型药物靶标的研制[35,105-106]。

氮芥类抗肿瘤药物中已经有多种应用于临床，其结构一般包括两部分，即烷基化部分和载体部分。该类化合物作用机制是通过在体内与生物大分子发生共价结合使DNA分子断裂或者使其丧失活性而达到抗肿瘤的目的。虽然氮芥类药物成本低廉、易合成，但是，该类化合物有较高的毒性、较低的选择性，且治疗效率低和不良反应大，这就促使科研人员不断地尝试

开发新型结构的氮芥类衍生物。概括相关文献报道中的研究发现，对氮芥类衍生物的研究主要集中在三个方面：一方面是以亲肿瘤杂环为载体，将氮芥药效团运输到靶点，这方面的研究获得了良好的效果；第二方面是设计合成氮芥前药；第三方面是运用药物拼合原理，将氮芥药效团和其他的具有抗肿瘤活性的药效团拼接，药物进入体内后分解然后发挥各自的药效。其中，大多数氮芥类抗肿瘤衍生物的报道是对载体结构部分的修饰，这些载体部分一般跟肿瘤增殖密切相关，如磺胺嘧啶类、甾体激素类、氨基酸类、糖类等。

铂类抗癌药物在临床上被广泛地应用。虽然该类药物临床疗效令人满意，但该类药物还是与其他抗肿瘤药物一样存在毒副作用大的问题。因此，降低该类药物的毒副作用是科研工作者们急需解决的一项难题。靶向给药是降低毒副作用的有效方法之一，其中，将铂药效团与肿瘤中高表达受体的配体相连接是目前的研究热点。

基于吡唑并［1，5-a］嘧啶类衍生物具有良好的CDKs抑制活性，我们选择该类化合物的母环进行结构修饰后作为亲肿瘤的杂环，作为氮芥和铂药效团的载体将其运输到肿瘤靶点部位，提高其靶向性，以期得到靶向性和选择性较好的抗肿瘤药物。

4.2 设计思路

4.2.1 氮芥类抗肿瘤化合物的合成路线研究

将氮芥药效团引入到一些具有亲肿瘤活性的杂环上是目前氮芥类衍生物研究的热点。本书研究经过分析大量文献，选取3-氰基吡唑并［1，5-a］嘧啶为氮芥基团的载体，设计合成三个系列新型的以3-氰基吡唑并［1，5-a］嘧啶为载体的氮芥类衍生物。目标化合物的设计合成路线如系列1～3所示。

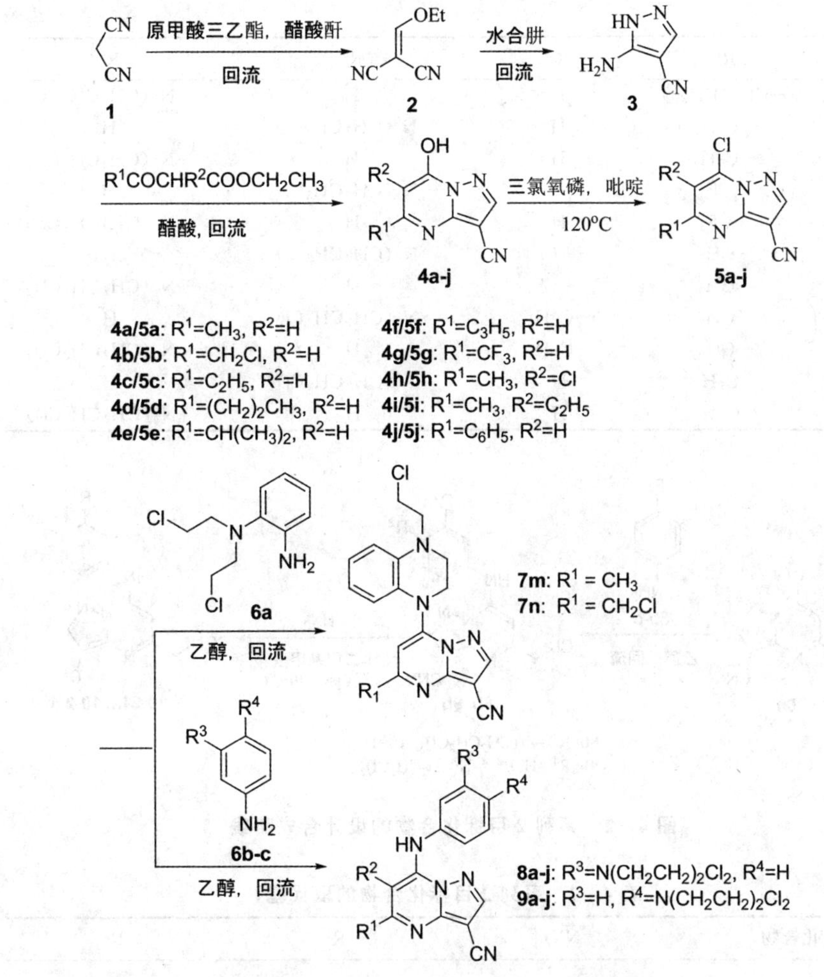
原甲酸三乙酯，醋酸酐
回流
水合肼
回流
$R^1COCHR^2COOCH_2CH_3$
醋酸，回流
三氯氧磷，吡啶
120°C
1
2
3
4a-j
5a-j
4a/5a: $R^1=CH_3$, $R^2=H$
4b/5b: $R^1=CH_2Cl$, $R^2=H$
4c/5c: $R^1=C_2H_5$, $R^2=H$
4d/5d: $R^1=(CH_2)_2CH_3$, $R^2=H$
4e/5e: $R^1=CH(CH_3)_2$, $R^2=H$
4f/5f: $R^1=C_3H_5$, $R^2=H$
4g/5g: $R^1=CF_3$, $R^2=H$
4h/5h: $R^1=CH_3$, $R^2=Cl$
4i/5i: $R^1=CH_3$, $R^2=C_2H_5$
4j/5j: $R^1=C_6H_5$, $R^2=H$
6a
乙醇，回流
7m: $R^1 = CH_3$
7n: $R^1 = CH_2Cl$
6b-c
乙醇，回流
8a-j: $R^3=N(CH_2CH_2)_2Cl_2$, $R^4=H$
9a-j: $R^3=H$, $R^4=N(CH_2CH_2)_2Cl_2$

图 4-1　系列 1 目标化合物的设计合成路线

表 4-1　系列 1 目标化合物的取代基

化合物	R^1	R^2	R^3	R^4
8a	$-CH_3$	H	$-N(CH_2CH_2Cl)_2$	H
9a	$-CH_3$	H	H	$-N(CH_2CH_2Cl)_2$
8b	$-CH_2Cl$	H	$-N(CH_2CH_2Cl)_2$	H
9b	$-CH_2Cl$	H	H	$-N(CH_2CH_2Cl)_2$
8c	—C2H5	H	$-N(CH_2CH_2Cl)_2$	H
9c	—C2H5	H	H	$-N(CH_2CH_2Cl)_2$
8d	$-(CH_2)_2CH_3$	H	$-N(CH_2CH_2Cl)_2$	H
9d	$-(CH_2)_2CH_3$	H	H	$-N(CH_2CH_2Cl)_2$
8e	$-CH(CH_3)_2$	H	$-N(CH_2CH_2Cl)_2$	H

续表

化合物	R^1	R^2	R^3	R^4
9e	$—CH(CH_3)_2$	H	H	$—N(CH_2CH_2Cl)_2$
8f	$—C_3H_5$	H	$—N(CH_2CH_2Cl)_2$	H
9f	$—C_3H_5$	H	H	$—N(CH_2CH_2Cl)_2$
8g	$—CF_3$	H	$—N(CH_2CH_2Cl)_2$	H
9g	$—CF_3$	H	H	$—N(CH_2CH_2Cl)_2$
8h	$—CH_3$	—Cl	$—N(CH_2CH_2Cl)_2$	H
9h	$—CH_3$	—Cl	H	$—N(CH_2CH_2Cl)_2$
8i	$—CH_3$	$—C_2H_5$	$—N(CH_2CH_2Cl)_2$	H
9i	$—CH_3$	$—C_2H_5$	H	$—N(CH_2CH_2Cl)_2$
8j	$—C_6H_5$	H	$—N(CH_2CH_2Cl)_2$	H
9j	$—C_6H_5$	H	H	$—N(CH_2CH_2Cl)_2$

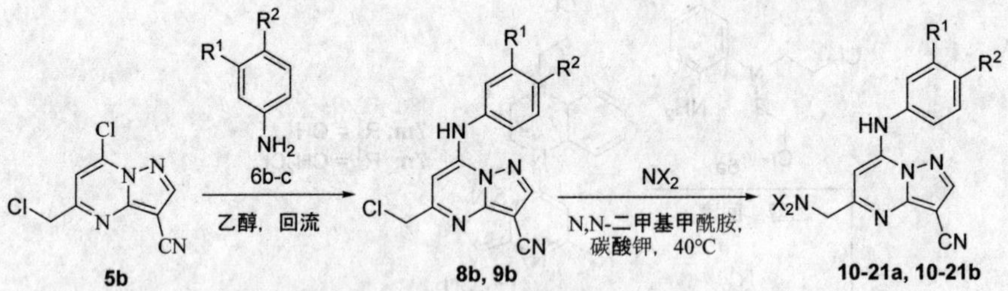

8b: R^1 =-$N(CH_2CH_2Cl)_2$, R^2 =H
9b: R^1 =H, R^2 = -$N(CH_2CH_2Cl)_2$

图 4-2 系列 2 目标化合物的设计合成路线

表 4-2 系列 2 目标化合物的取代基

化合物	NX_2	R^1	R^2
10a	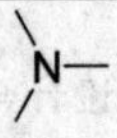	$—N(CH_2CH_2Cl)_2$	H
10b	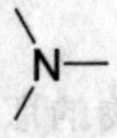	H	$—N(CH_2CH_2Cl)_2$
11a	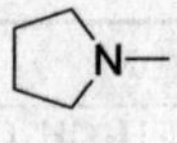	$—N(CH_2CH_2Cl)_2$	H
11b	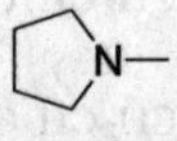	H	$—N(CH_2CH_2Cl)_2$
12a	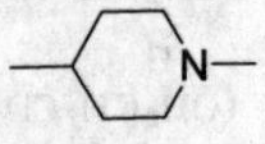	$—N(CH_2CH_2Cl)_2$	H
12b	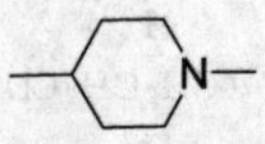	H	$—N(CH_2CH_2Cl)_2$

续表

化合物	NX_2	R^1	R^2
13a	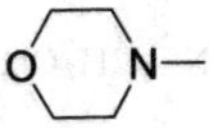 O N—	$—N(CH_2CH_2Cl)_2$	H
13b	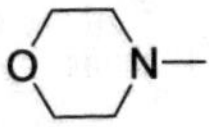 O N—	H	$—N(CH_2CH_2Cl)_2$
14a	 —N N—	$—N(CH_2CH_2Cl)_2$	H
14b	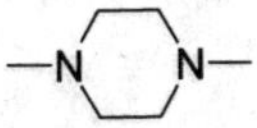 —N N—	H	$—N(CH_2CH_2Cl)_2$
15a	 N N—	$—N(CH_2CH_2Cl)_2$	H
15b	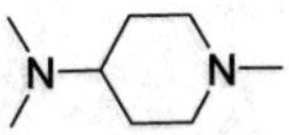 N N—	H	$—N(CH_2CH_2Cl)_2$
16a	 N N—	$—N(CH_2CH_2Cl)_2$	H
16b	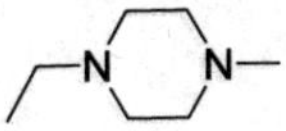 N N—	H	$—N(CH_2CH_2Cl)_2$
17a	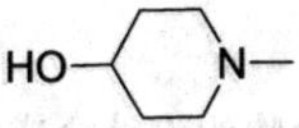 HO N—	$—N(CH_2CH_2Cl)_2$	H
17b	 HO N—	H	$—N(CH_2CH_2Cl)_2$
18a	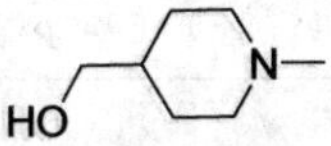 HO N—	$—N(CH_2CH_2Cl)_2$	H
18b	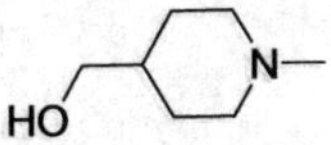 HO N—	H	$—N(CH_2CH_2Cl)_2$
19a	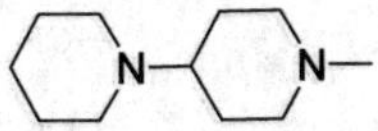 N N—	$—N(CH_2CH_2Cl)_2$	H
19b	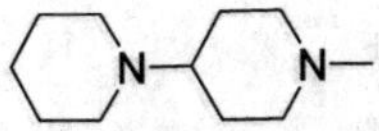 N N—	H	$—N(CH_2CH_2Cl)_2$
20a	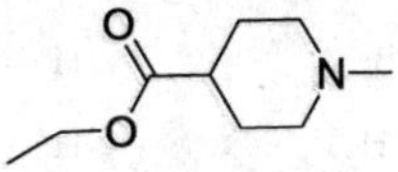 O O N—	$—N(CH_2CH_2Cl)_2$	H
20b	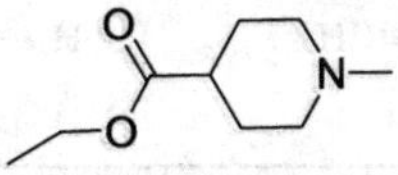 O O N—	H	$—N(CH_2CH_2Cl)_2$

续表

化合物	NX_2	R^1	R^2
21a	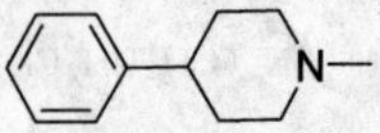 4-苯基哌啶-1-基	$—N(CH_2CH_2Cl)_2$	H
21b	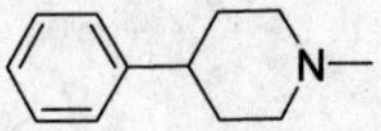 4-苯基哌啶-1-基	H	$—N(CH_2CH_2Cl)_2$

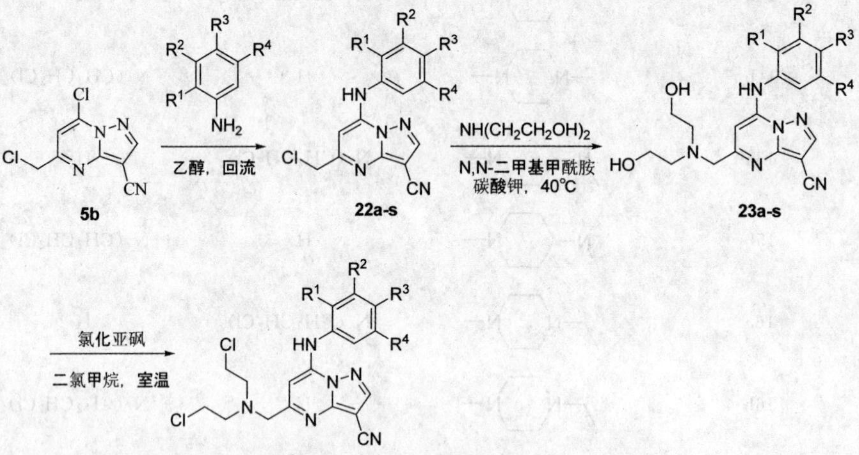

图 4-3 系列 3 目标化合物的设计合成路线

表 4-3 系列 3 目标化合物的取代基

化合物	R^1	R^2	R^3	R^4
22a，23a，24a	H	H	—F	H
22b，23b，24b	H	H	—Cl	H
22c，23c，24c	H	H	—Br	H
22d，23d，24d	H	H	$—CF_3$	H
22e，23e，24e	H	H	—COOEt	H
22f，23f，24f	H	—F	H	H
22g，23g，24g	H	—Cl	H	H
22h，23h，24h	H	—Br	H	H
22i，23i，24i	H	$—CH_3$	H	H
22j，23j，24j	H	—C≡CH	H	H
22k，23k，24k	—Cl	H	H	H

续表

化合物	R^1	R^2	R^3	R^4
22l，23l，24l	—Br	H	H	H
22m，23m，24m	$—CH_3$	H	H	H
22n，23n，24n	H	—F	H	—F
22o，23o，24o	H	$—CH_3$	H	$—CH_3$
22p，23p，24p	H	$—OCH_3$	H	$—OCH_3$
22q，23q，24q	H	$—CF_3$	—F	H
22r，23r，24r	H	—Cl	—F	H
22s，23s，24s	H	$—CH_3$	—F	H

4.2.2 铂类抗肿瘤药物的合成路线研究

将铂与一些具有亲肿瘤活性的杂环配位是目前铂化合物研究的热点之一。本书研究内容参照相关文献，选取 3-氰基吡唑并［1，5-a］嘧啶杂环为母体，经过对其结构进行修饰后与铂配位，设计合成新的铂化合物。目标化合物的设计合成路线如系列 4～5 所示。

系列 4：铂（Ⅱ）配合物［PtL1′I］（L1′＝7-(2-氨基乙胺基)-5-甲基-3-氰基吡唑［1，5-a］嘧啶）的设计合成

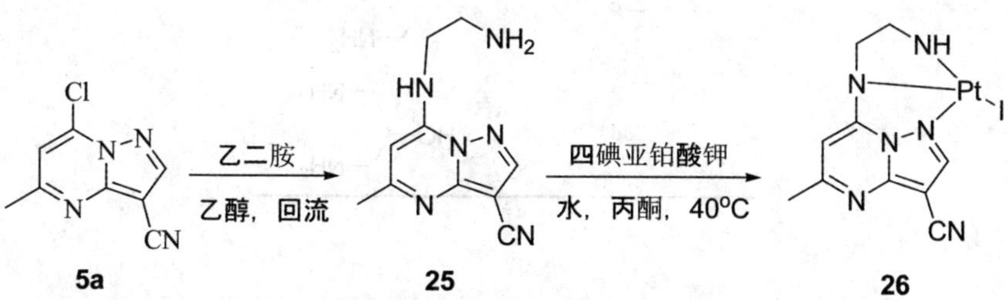

图 4－4 系列 4 目标化合物的设计合成路线

系列 5：铂（Ⅱ）配合物［PtL2′X2］（L2′＝2-(3-氰基-5-甲基吡唑并［1，5-a］嘧啶-7-氨基丙二酸）的设计合成

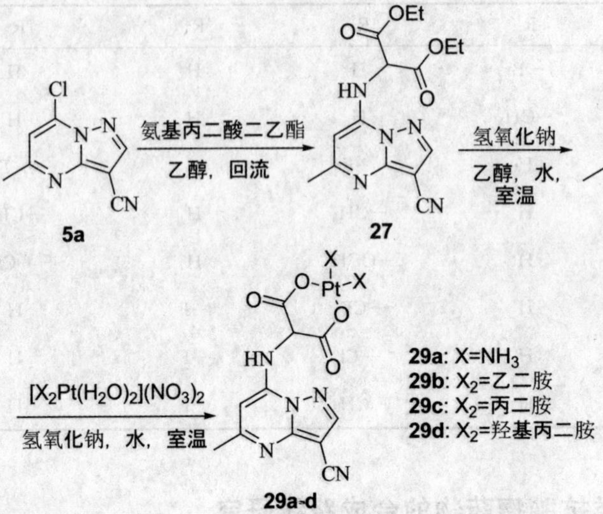

5a
氨基丙二酸二乙酯
乙醇，回流
27
氢氧化钠
乙醇，水，室温
28
$[X_2Pt(H_2O)_2](NO_3)_2$
氢氧化钠，水，室温
29a-d

29a: X=NH_3
29b: X_2=乙二胺
29c: X_2=丙二胺
29d: X_2=羟基丙二胺

图 4－5　系列 5 目标化合物的设计合成路线

表 4－4　系列 5 目标化合物的取代基

化合物	X_2
29a	NH_3
29b	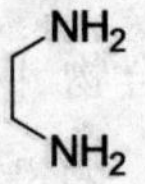 NH_2 NH_2
29c	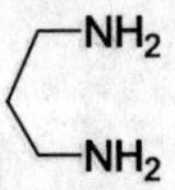 NH_2 NH_2
29d	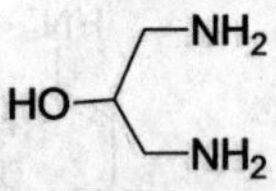 HO NH_2 NH_2

第5章　以吡唑并［1，5a］嘧啶类化合物为载体的氮芥和铂类衍生物的合成研究

5.1　实验仪器与试剂

实验所用仪器及相应生产厂家如表5.1所示

表5.1　实验用仪器及其厂家

名称	生产厂家
RY-1熔点测定仪	天津市分析仪器厂
360FT-IR型红外光谱仪	Nicolet公司
AV400型核磁共振仪	BRUKER公司
LCT Premier XE型ESI质谱仪	Waters公司
320-MS型EI质谱仪	BRUKER公司
APEX-Ⅱ型X射线单晶衍射仪	BRUKER公司
JA5300型电子分析天平	上海精密科学仪器有限公司
ZF-C型三用紫外分析仪	上海康禾光电仪器有限公司
RE-52A型旋转蒸发仪	上海亚荣生化仪器厂
85-2型磁力搅拌器	郑州长城科工贸有限公司
SHI-D（Ⅲ）型循环水式真空泵	郑州恒岩仪器有限公司
DLSB-5/20型低温冷却液循环泵	郑州恒岩仪器有限公司
岛津LC-20A型高效液相色谱仪	岛津公司
高效液相色谱半制备分析柱	奥泰科技有限公司

实验所用试剂及相应生产厂家如表 5.2 所示。

表 5.2　实验用仪器规格及其厂家

试剂名称	生产厂家	规格
石油醚	天津市津东天正精细化学试剂厂	分析纯
乙醇	天津化学试剂有限公司	分析纯
二氯甲烷	天津博迪化工有限公司	分析纯
乙二胺	国药集团化学试剂有限公司	分析纯
三氯氧磷	北京耦合科技有限公司	分析纯
85%水合肼	国药集团化学试剂有限公司	分析纯
乙酰乙酸乙酯	北京耦合科技有限公司	96%
氯乙酰乙酸乙酯	北京耦合科技有限公司	96%
醋酸酐	北京化学试剂有限公司	分析纯
原甲酸三乙酯	国药集团化学试剂有限公司	化学纯
丙二腈	国药集团化学试剂有限公司	化学纯
三乙胺（TEA）	北京化学试剂有限公司	分析纯
2-乙基乙酰乙酸乙酯	邵远化学科技有限公司	95%
苯甲酰乙酸乙酯	邵远化学科技有限公司	95%
丁基乙酰乙酸乙酯	邵远化学科技有限公司	97%
3-环丙基-3-氧代丙酸乙酯	邵远化学科技有限公司	97%
异丁酰乙酸乙酯	邵远化学科技有限公司	98%
三氟甲基乙酰乙酸乙酯	北京耦合科技有限公司	98%
2-乙基乙酰乙酸乙酯	邵远化学科技有限公司	96%
2-氯乙酰乙酸乙酯	邵远化学科技有限公司	95%
2-甲基乙酰乙酸乙酯	邵远化学科技有限公司	95%
氯化铵	天津市天大化工实验厂	分析纯
中性氧化铝	上海五四化学试剂有限公司	200～300 目
无水硫酸镁	天津市永大化学试剂开发中心	分析纯

5.2　以吡唑并［1，5a］嘧啶为载体的氮芥类衍生物的合成

5.2.1　系列 1 目标化合物的合成

2-乙氧亚甲基丙二腈（2），3-氨基-4-氰基吡唑（3），5-甲基-7-羟基-3-氰

基吡唑并［1，5a］嘧啶（4a），5-甲基-7-氯-3-氰基吡唑并［1，5a］嘧啶（5a），5-氯甲基-7-羟基-3-氰基吡唑并［1，5a］嘧啶（4b），5-氯甲基-7-氯-3-氰基吡唑并［1，5a］嘧啶（5b）和合成按照本实验室李桂霞和丁瑞的论文完成。二氯乙基取代苯胺（6a-c）的合成按照本实验室王潇和李石磊的论文完成。5-苯基-7-羟基-3-氰基吡唑并［1，5a］嘧啶（4j），5-苯基-7-氯-3-氰基吡唑并［1，5a］嘧啶（5j）按照文献［107］方法完成。

5-乙基-7-羟基-3-氰基吡唑并［1，5a］嘧啶（4c），5-乙基-7-氯-3-氰基吡唑并［1，5a］嘧啶（5c），5-丙基-7-羟基-3-氰基吡唑并［1，5a］嘧啶（4d），5-丙基-7-氯-3-氰基吡唑并［1，5a］嘧啶（5d），5-异丙基-7-羟基-3-氰基吡唑并［1，5a］嘧啶（4e），5-异丙基-7-氯-3-氰基吡唑并［1，5a］嘧啶（5e），5-环丙基-7-羟基-3-氰基吡唑并［1，5a］嘧啶（4f），5-环丙基-7-氯-3-氰基吡唑并［1，5a］嘧啶（5f），5-三氟甲基-7-羟基-3-氰基吡唑并［1，5a］嘧啶（4g），5-三氟甲基-7-氯-3-氰基吡唑并［1，5a］嘧啶（5g），5-甲基-6-氯-7-羟基-3-氰基吡唑并［1，5a］嘧啶（4h），5-甲基-6-氯-7-氯-3-氰基吡唑并［1，5a］嘧啶（5h），5-甲基-6-乙基-7-羟基-3-氰基吡唑并［1，5a］嘧啶（4i），5-甲基-6-乙基-7-氯-3-氰基吡唑并［1，5a］嘧啶（5i）均为参照文献［107］方法合成的新化合物。

(1) 5-甲基-7-(2-二（2-氯乙基）氨基苯氨基)-3-氰基吡唑并［1，5a］嘧啶（7m）

将化合物 5-甲基-7-氯-3-氰基吡唑并［1，5a］嘧啶（5a，0.5 mmol，96 mg）和化合物 N1，N1-二（2-氯乙基）苯基-1，2-二胺（6a，0.5 mmol，116 mg）加入到乙醇（3 mL）中回流 3 h，TLC 检测结果表明反应完全，停止反应，旋蒸除去溶剂，加入冰水搅拌，抽滤得到淡黄色固体。通过柱层析（洗脱剂为 $V_{乙酸乙酯}:V_{石油醚}=1:5$）分离得到淡黄色目标化合物 7m（产率：59.7%）。mp：153～154℃。^{1}H NMR（400 MHz，$CDCl_3$）：δ 8.29（s，1H，—CH），7.13（t，$J=7.44$ Hz，1H，ArH），6.98（d，$J=7.68$Hz，1H，ArH），6.79（d，$J=8.28$Hz，1H，ArH），6.69（t，$J=7.56$ Hz，1H，ArH），6.36（s，1H，—CH），4.38（t，$J=4.76$ Hz，2H，$—CH_2CH_2Cl$），

3.73（s，4H，$—CH_2CH_2Cl$），3.49（t，$J=4.8$ Hz，2H，$—CH_2CH_2Cl$），2.52（s，3H，$—CH_3$）。^{13}C NMR（100 MHz，$CDCl_3$）：δ 163.32，152.74，148.71，146.21，138.64，127.04，125.33，124.22，117.36，113.55，112.15，100.80，80.88，52.64，48.83，45.30，40.37，24.91。MS（ESI^+）m/z：352.9 $[M+H]^+$。IR（KBr，cm^{-1}）：3439，2224，1616，1598，1541，1508，1423，1344，1190，1091，748。

（2）5-氯甲基-7-(2-二（2-氯乙基）氨基苯氨基)-3-氰基吡唑并［1，5a］嘧啶（7n）

合成方法同 7m，将化合物 5-氯甲基-7-氯-3-氰基吡唑并［1，5a］嘧啶（5b，0.5 mmol，113 mg）和化合物 N1，N1-二（2-氯乙基）苯基-1，2-二胺（6a，0.5 mmol，116 mg）加入到乙醇（3mL）中回流，得到淡黄色沉淀 7n（产率：51.2%）。mp：132～134℃。^1H NMR（400 MHz，$CDCl_3$）：δ 8.33（s，1H，—CH），7.15（t，$J=8.48$ Hz，1H，ArH），7.01（d，$J=6.68$Hz，1H，ArH），6.80（d，$J=8.36$Hz，1H，ArH），6.72（s，1H，—CH），6.71（t，$J=6.96$ Hz，1H，ArH），4.57（s，2H，$—CH_2Cl$），4.46（t，$J=4.88$ Hz，2H，$—CH_2CH_2Cl$），3.74（s，4H，$—CH_2CH_2Cl$），3.52（t，$J=4.96$ Hz，2H，$—CH_2CH_2Cl$）。^{13}C NMR（100 MHz，$CDCl_3$）：δ 160.35，152.34，149.29，146.66，138.64，127.44，123.90，117.43，113.13，112.30，112.01，99.13，82.02，52.61，49.11，45.74，45.47，40.37。MS（ESI^+）m/z：384.9 $[M+H]^+$。IR（KBr，cm^{-1}）：3429，2228，1614，1599，1543，1506，1423，1246，1093，823，744。

（3）5-甲基-7-(3-二（2-氯乙基）氨基苯氨基)-3-氰基吡唑并［1，5a］嘧啶（8a）

在 25mL 的圆形瓶中加入化合物 5a（0.5 mmol，96 mg），化合物 6b（0.5 mmol，116 mg）和 3 mL 乙醇。混合物在氮气保护下加热至回流，2h 后反应完毕，将反应体系冷却至室温，得到黄色沉淀，抽滤，用乙醇洗涤，干燥，得到类白色固体产物 8a（产率：79.3%）。mp：168～169℃，^1H NMR（400 MHz，$CDCl_3$）：δ 8.25（s，1H，—CH），7.98（s，1H，—NH），7.36

(t, J=8.12 Hz, 1H, ArH), 6.77 (d, J=7.76Hz, 1H, ArH), 6.66 (d, J=8.44Hz, 1H, ArH), 6.62 (s, 1H, —CH), 6.41 (s, 1H, —ArH), 3.78 (t, J = 6.60 Hz, 4H, $—CH_2CH_2Cl$), 3.67 (t, J = 6.52 Hz, 4H, $—CH_2CH_2Cl$), 2.56 (s, 3H, $—CH_3$)。^{13}C NMR (100 MHz, $CDCl_3$): δ 163.90, 150.57, 147.85, 146.31, 145.21, 137.01, 131.16, 113.53, 112.79, 110.67, 107.44, 89.76, 80.90, 53.37, 40.29, 25.35。MS (ESI^+) m/z: 389.3 $[M+H]^+$。IR (KBr, cm^{-1}): 3356, 2224, 1605, 1570, 1537, 1500, 1418, 1280, 1168, 997, 748。

(4) 5-甲基-7-(4-二 (2-氯乙基) 氨基苯氨基)-3-氰基吡唑并 [1, 5a] 嘧啶 (9a)

合成方法同 8a，将化合物 5a (0.5 mmol, 96 mg) 和化合物 6c (0.5 mmol, 116 mg) 加入到乙醇中回流得到类白色固体 9a (产率: 82.1%)。mp: 175～176℃。^1H NMR (400 MHz, $CDCl_3$): δ 8.24 (s, 1H, —CH), 7.82 (s, 1H, —NH), 7.23 (d, J = 8.88 Hz, 2H, ArH), 6.78 (d, J = 8.88Hz, 2H, ArH), 6.13 (s, 1H, —CH), 3.79 (t, J=6.76 Hz, 4H, $—CH_2CH_2Cl$), 3.68 (t, J = 6.60 Hz, 4H, $—CH_2CH_2Cl$), 2.52 (s, 3H, $—CH_3$)。^{13}C NMR (100 MHz, $CDCl_3$): δ 163.73, 150.61, 146.37, 146.32, 145.77, 127.06, 124.90, 113.65, 112.99, 89.21, 80.59, 53.56, 40.33, 25.25。MS (ESI^+) m/z: 389.3 $[M+H]^+$。IR (KBr, cm^{-1}): 3352, 2222, 1616, 1589, 1519, 1421, 1184, 918, 808, 719。

(5) 5-氯甲基-7-(3-二 (2-氯乙基) 氨基苯氨基)-3-氰基吡唑并 [1, 5a] 嘧啶 (8b)

合成方法同 8a，将化合物 5b (0.5 mmol, 113 mg) 和化合物 6b (0.5 mmol, 116 mg) 加入到乙醇中回流得到淡黄色固体 8b (产率: 77.5%)。mp: 122～123℃。^1H NMR (400 MHz, $CDCl_3$): δ 8.32 (s, 1H, —CH), 8.14 (s, 1H, —NH), 7.38 (t, J=8.16 Hz, 1H, ArH), 6.62 (s, 1H, —CH), 6.78 (d, J=8.48Hz, 1H, ArH), 6.69 (d, J=8.44Hz, 1H, ArH), 6.64 (s, 1H, —ArH), 4.62 (s, 3H, $—CH_3$), 3.78 (t, J = 6.60 Hz, 4H,

—CH_2CH_2Cl)，3.67（t，J=6.52 Hz，4H，—CH_2CH_2Cl）。^{13}C NMR（100 MHz，$CDCl_3$）：δ 161.23，150.03，147.90，146.82，146.10，136.61，131.34，113.08，112.68，110.99，107.23，88.55，82.06，53.41，46.21，40.28。MS（ESI^+）m/z：423.3 $[M+H]^+$。IR（KBr，cm^{-1}）：3319，2227，1605，1570，1535，1500，1417，1283，1168，995，735。

（6）5-氯甲基-7-(4-二（2-氯乙基）氨基苯氨基)-3-氰基吡唑并［1，5a］嘧啶（9b）

合成方法同 8a，将化合物 5b（0.5 mmol，113 mg）和化合物 6c（0.5 mmol，116 mg）加入到乙醇中回流得到淡黄色固体 9b（产率：79.3%）。mp：151～152℃。^1H NMR（400 MHz，$CDCl_3$）：δ 8.30（s，1H，—CH），7.99（s，1H，—NH），7.25（d，J=8.76 Hz，2H，ArH），6.79（d，J=8.76Hz，2H，ArH），6.50（s，1H，—CH），4.59（s，2H，—CH_2Cl），3.80（t，J=6.68 Hz，4H，—CH_2CH_2Cl），3.69（t，J=6.64 Hz，4H，—CH_2CH_2Cl）。^{13}C NMR（100 MHz，$CDCl_3$）：δ 161.03，150.08，147.13，146.82，145.92，126.86，124.37，113.22，112.94，88.05，81.75，53.51，46.19，40.26。MS（ESI^+）m/z：423.3 $[M+H]^+$。IR（KBr，cm^{-1}）：3337，2225，1710，1616，1589，1520，1416，1205，823，729。

（7）5-乙基-7-(3-二（2-氯乙基）氨基苯氨基)-3-氰基吡唑并［1，5a］嘧啶（8c）

合成方法同 8a，将化合物 5c（0.5 mmol，103 mg）和化合物 6b（0.5 mmol，116 mg）加入到乙醇中回流得到淡黄色固体 8c（产率：65.8%）。mp：157～158℃。^1H NMR（400 MHz，$CDCl_3$）：δ 8.26（s，1H，—CH），8.00（s，1H，—NH），7.36（m，1H，ArH），6.77（d，J=7.80 Hz，1H，ArH），6.62—6.67（m，2H，—ArH），6.44（s，1H，—CH），3.78（t，J=7.04 Hz，4H，—CH_2CH_2Cl），3.67（t，J=6.48 Hz，4H，—CH_2CH_2Cl），2.79（q，2H，—CH_2），1.31（t，3H，—CH_3）。^{13}C NMR（100 MHz，$CDCl_3$）：δ 168.80，150.64，147.78，146.32，145.30，137.08，131.13，113.70，112.58，110.50，107.22，88.70，80.88，53.35，40.26，32.05，13.23。MS

(ESI^+) m/z：402.8 $[M+H]^+$。IR (KBr，cm^{-1})：3348，2224，1622，1568，1535，1500，1414，1296，1171，1028，758。

(8) 5-乙基-7-(4-二 (2-氯乙基) 氨基苯氨基)-3-氰基吡唑并 [1，5a] 嘧啶 (9c)

合成方法同 8a，将化合物 5c (0.5 mmol，103 mg) 和化合物 6c (0.5 mmol，116 mg) 加入到乙醇中回流得到淡黄色固体 9c (产率：69.1%)。mp：152～153℃。^1H NMR (400 MHz，$CDCl_3$)：δ 8.25 (s，1H，—CH)，7.83 (s，1H，—NH)，7.24 (d，J=8.84 Hz，2H，ArH)，6.78 (d，J=9.00 Hz，2H，ArH)，6.16 (s，1H，—CH)，3.81 (t，J=7.36 Hz，4H，$—CH_2CH_2Cl$)，3.69 (t，J=7.00 Hz，4H，$—CH_2CH_2Cl$)，2.76 (q，J=7.60 Hz，2H，$—CH_2$)，1.29 (t，J=7.60 Hz，3H，$—CH_3$)。^{13}C NMR (100 MHz，$CDCl_3$)：δ 168.68，150.67，146.45，146.35，145.58，126.92，124.87，113.84，112.83，88.12，80.56，53.49，40.28，31.96，13.32。MS (ESI^+) m/z：402.8 $[M+H]^+$。IR (KBr，cm^{-1})：3361，2222，1597，1564，1489，1417，1352，1240，997，752。

(9) 5-丙基-7-(3-二 (2-氯乙基) 氨基苯氨基)-3-氰基吡唑并 [1，5a] 嘧啶 (8d)

合成方法同 8a，将化合物 5d (0.5 mmol，110 mg) 和化合物 6b (0.5 mmol，116 mg) 加入到乙醇中回流得到淡黄色固体 8d (产率：68.8%)。mp：149～150℃。^1H NMR (400 MHz，$CDCl_3$)：δ 8.18 (s，1H，—CH)，7.94 (s，1H，—NH)，7.29 (t，J=8.08 Hz，1H，ArH)，6.70 (d，J=7.72 hz，1H，ArH)，6.55−6.60 (m，2H，ArH)，6.36 (s，1H，—CH)，3.71 (t，J=7.04 Hz，4H，$—CH_2CH_2Cl$)，3.60 (t，J=6.44 Hz，4H，$—CH_2CH_2Cl$)，2.67 (t，J=7.64Hz，1H，$—CH_2$)，1.66～1.75 (m，2H，$—CH_2$)，0.91 (t，J=7.32Hz，1H，$—CH_3$)。^{13}C NMR (100 MHz，$CDCl_3$)：δ 167.64，150.65，147.79，146.27，145.25，137.08，131.10，113.80，112.55，110.50，107.31，89.32，80.70，53.33，40.85，40.36，22.50，13.87。MS (ESI^+) m/z：416.9 $[M+H]^+$。IR (KBr，cm^{-1})：3362，2966，2224，1624，

1575，1533，1496，1412，1278，1165，999，719。

（10）5-丙基-7-(4-二（2-氯乙基）氨基苯氨基)-3-氰基吡唑并［1，5a］嘧啶（9d）

合成方法同 8a，将化合物 5d（0.5 mmol，110 mg）和化合物 6c（0.5 mmol，116 mg）加入到乙醇中回流得到淡黄色固体 9d（产率：63.3%）。mp：169～170℃。^{1}H NMR（400 MHz，$CDCl_3$）：δ 8.23（s，1H，—CH），7.84（s，1H，—NH），7.23（d，J=8.88 Hz，2H，ArH），6.77（d，J=8.96Hz，2H，ArH），6.15（s，1H，—CH），3.80（t，J=7.12 Hz，4H，—CH_2CH_2Cl），3.69（t，J=6.56 Hz，4H，—CH_2CH_2Cl），2.70（t，J=7.64 Hz，2H，—CH_2），1.71～1.80（m，2H，—CH_2），0.97（t，J = 7.32 Hz，3H，—CH_3）。^{13}C NMR（100 MHz，$CDCl_3$）：δ 167.53，150.66，146.34，145.57，126.89，124.86，113.87，112.82，88.69，80.52，53.49，40.82，40.30，22.53，13.88。MS（ESI$^+$）m/z：417.0［M+H］$^+$。IR（KBr，cm^{-1}）：3329，2962，2227，1616，1583，1570，1520，1408，1224，825，717。

（11）5-异丙基-7-(3-二（2-氯乙基）氨基苯氨基)-3-氰基吡唑并［1，5a］嘧啶（8e）

合成方法同 8a，将化合物 5e（0.5 mmol，110 mg）和化合物 6b（0.5 mmol，116 mg）加入到乙醇中回流得到淡黄色固体 8e（产率：60.5%）。mp：189～190℃。^{1}H NMR（400 MHz，$CDCl_3$）：δ 8.26（s，1H，—CH），8.00（s，1H，—NH），7.36（t，J=8.12 Hz，1H，ArH），6.77（d，J=7.80Hz，1H，ArH），6.47～6.67（m，2H，ArH），6.46（s，1H，—CH），3.78（t，J=6.96 Hz，4H，—CH_2CH_2Cl），3.67（t，J=6.48 Hz，4H，—CH_2CH_2Cl），2.99～3.06（m，1H，—CH），1.30（d，J = 6.88Hz，6H，—CH_3）。^{13}C NMR（100 MHz，$CDCl_3$）：δ 172.56，150.64，147.79，146.34，145.42，137.18，131.12，113.93，112.41，110.42，107.11，87.46，80.80，53.36，40.33，37.12，22.02。MS（ESI$^+$）m/z：416.9［M + H］$^+$。IR（KBr，cm^{-1}）：3379，2968，2223，1604，1568，1533，1502，1412，1274，1165，999，748。

（12）5-异丙基-7-(4-二（2-氯乙基）氨基苯氨基)-3-氰基吡唑并［1，5a］嘧啶（9e）

合成方法同 8a，将化合物 5e（0.5 mmol，110 mg）和化合物 6c（0.5 mmol，116 mg）加入到乙醇中回流得到淡黄色固体 9e（产率：61.6%）。mp：195～196℃。^{1}H NMR（400 MHz，$CDCl_3$）：δ 8.24（s，1H，—CH），7.82（s，1H，—NH），7.24（d，J＝8.84 Hz，2H，ArH），6.78（d，J＝8.88Hz，2H，ArH），6.18（s，1H，—CH），3.80（t，J＝7.00 Hz，4H，—CH_2CH_2Cl），3.69（t，J＝6.60 Hz，4H，—CH_2CH_2Cl），2.94～3.04（m，1H，—CH），1.27（d，J＝6.88 Hz，2H，—CH_3）。^{13}C NMR（100 MHz，$CDCl_3$）：δ 172.43，150.66，146.48，146.37，145.52，126.73，125.02，113.99，112.85，86.81，80.64，53.50，40.29，37.06，22.00。MS（ESI$^+$）m/z：416.9［M＋H］$^+$。IR（KBr，cm^{-1}）：3332，2960，2225，1616，1587，1521，1409，1201，823，719。

（13）5-环丙基-7-(3-二（2-氯乙基）氨基苯氨基)-3-氰基吡唑并［1，5a］嘧啶（8f）

合成方法同 8a，将化合物 5f（0.5 mmol，110 mg）和化合物 6b（0.5 mmol，116 mg）加入到乙醇中回流得到淡黄色固体 8f（产率：78.3%）。mp：134～135℃。^{1}H NMR（400 MHz，$CDCl_3$）：δ 8.21（s，1H，—CH），7.91（s，1H，—NH），7.36（t，J＝8.08 Hz，1H，ArH），6.78（d，J＝7.52Hz，1H，ArH），6.64（d，J＝8.4Hz，1H，ArH），6.61（s，1H，—ArH），6.45（s，1H，—CH），3.78（t，J＝6.88 Hz，4H，—CH_2CH_2Cl），3.67（t，J＝6.56 Hz，4H，—CH_2CH_2Cl），1.91～1.97（m，1H，—CH），1.23～1.26（m，2H，—CH_2），1.03～1.07（m，2H，—CH_2）。^{13}C NMR（100 MHz，$CDCl_3$）：δ168.69，150.90，147.79，146.23，144.64，137.21，131.08，113.96，112.66，110.46，107.31，88.38，80.31，53.36，40.30，18.10，11.32。MS（ESI$^+$）m/z：414.8［M＋H］$^+$。IR（KBr，cm^{-1}）：3373，2924，2224，1625，1573，1535，1498，1417，1280，1138，997，738。

(14) 5-环丙基-7-(4-二（2-氯乙基）氨基苯氨基)-3-氰基吡唑并［1，5a］嘧啶（9f）

合成方法同 8a，将化合物 5f（0.5 mmol，110 mg）和化合物 6c（0.5 mmol，116 mg）加入到乙醇中回流得到淡黄色固体 9f（产率：83.9%）。mp：142～143℃。^{1}H NMR（400 MHz，$CDCl_3$）：δ 8.19（s，1H，—CH），7.73（s，1H，—NH），7.25（d，J＝8.76 Hz，2H，ArH），6.77（d，J＝9.00Hz，2H，ArH），6.17（s，1H，—CH），3.79（t，J＝7.12 Hz，4H，—CH_2CH_2Cl），3.68（t，J＝6.64 Hz，4H，—CH_2CH_2Cl），1.87～1.94（m，1H，—CH），1.21～1.25（m，2H，—CH_2），1.01～1.04（m，2H，—CH_2）。^{13}C NMR（100 MHz，$CDCl_3$）：δ 168.48，150.93，146.26，145.82，145.54，126.99，124.98，114.18，112.82，87.82，79.90，53.49，40.32，17.99，11.17。MS（ESI^+）m/z：414.8［M＋H］$^+$。IR（KBr，cm^{-1}）：3358，2924，2229，1597，1575，1504，1448，1219，889，752。

(15) 5-三氟甲基-7-(3-二（2-氯乙基）氨基苯氨基)-3-氰基吡唑并［1，5a］嘧啶（8g）

合成方法同 8a，将化合物 5g（0.5 mmol，123 mg）和化合物 6b（0.5 mmol，116 mg）加入到乙醇中回流得到淡黄色固体 8g（产率：52.9%）。mp：143～144℃。^{1}H NMR（400 MHz，$CDCl_3$）：δ 8.42（s，1H，—CH），8.39（s，1H，—NH），7.40（t，J＝8.16 Hz，1H，ArH），6.64～6.79（m，3H，ArH），6.63（s，1H，—CH），3.78（t，J＝6.92 Hz，4H，—CH_2CH_2Cl），3.67（t，J＝6.48 Hz，4H，—CH_2CH_2Cl）。^{13}C NMR（100 MHz，$CDCl_3$）：δ 151.37，151.01，150.65，150.29，149.74，148.04，147.65，147.06，135.77，131.41，121.85，119.11，112.91，112.62，111.60，107.83，86.19，83.28，53.27，40.30。MS（ESI^+）m/z：442.8［M＋H］$^+$。IR（KBr，cm^{-1}）：3319，2227，1605，1570，1535，1500，1417，1283，1168，995，735。

(16) 5-三氟甲基-7-(4-二（2-氯乙基）氨基苯氨基)-3-氰基吡唑并［1，5a］嘧啶（9g）

合成方法同 8a，将化合物 5g（0.5 mmol，123 mg）和化合物 6c（0.5 mmol，

116 mg）加入到乙醇中回流得到淡黄色固体 9g（产率：63.3%）。mp：163～164℃。^{1}H NMR（400 MHz，$CDCl_3$）：δ 8.39（s，1H，—CH），8.25（s，1H，—NH），7.25（d，J＝8.52 Hz，2H，ArH），6.80（d，J＝8.76Hz，2H，ArH），6.55（s，1H，—CH），3.81（t，J＝6.88 Hz，4H，—CH_2CH_2Cl），3.69（t，J＝6.68 Hz，4H，—CH_2CH_2Cl）。^{13}C NMR（100 MHz，$CDCl_3$）：δ 149.70，147.79，147.64，146.36，127.04，123.43，121.86，119.11，112.98，112.53，85.62，83.40，53.43，40.21。MS（ESI^+）m/z：442.8 $[M+H]^+$。IR（KBr，cm^{-1}）：3307，2231，1622，1595，1523，1456，1276，817，754。

（17）5-甲基-6-氯-7-(3-二（2-氯乙基）氨基苯氨基)-3-氰基吡唑并 [1，5a] 嘧啶（8h）

合成方法同 8a，将化合物 5h（0.5 mmol，114 mg）和化合物 6b（0.5 mmol，116 mg）加入到乙醇中回流得到淡黄色固体 9g（产率：89.6%）。mp：168～169℃。^{1}H NMR（400 MHz，$CDCl_3$）：δ 8.26（s，1H，—CH），8.10（s，1H，—NH），7.24（m，1H，ArH），6.63（m，2H，—ArH），6.47（s，1H，—ArH），3.74（t，J＝6.84 Hz，4H，—CH_2CH_2Cl），3.65（t，J＝6.76 Hz，4H，—CH_2CH_2Cl），2.69（s，3H，—CH_3）。^{13}C NMR（100 MHz，$CDCl_3$）：δ 162.66，148.10，146.77，146.41，141.18，137.34，130.00，114.24，112.99，110.59，108.62，101.20，81.82，53.42，40.29，24.15。MS（ESI^+）m/z：424.8 $[M+H]^+$。IR（KBr，cm^{-1}）：3300，2224，1620，1558，1533，1500，1446，1290，1168，999，767。

（18）5-甲基-6-氯-7-(4-二（2-氯乙基）氨基苯氨基)-3-氰基吡唑并 [1，5a] 嘧啶（9h）

合成方法同 8a，将化合物 5h（0.5 mmol，114 mg）和化合物 6c（0.5 mmol，116 mg）加入到乙醇中回流得到淡黄色固体 9h（产率：93.3%）。mp：172～173℃。^{1}H NMR（400 MHz，$CDCl_3$）：δ 8.23（s，1H，—CH），8.10（s，1H，—NH），7.12（d，J＝8.72 Hz，2H，ArH），6.69（d，J＝8.76Hz，2H，ArH），3.78（t，J＝7.04 Hz，4H，—CH_2CH_2Cl），3.67（t，J＝6.64

Hz，4H，—CH_2CH_2Cl)，2.65（s，3H，—CH_2）。^{13}C NMR（100 MHz，$CDCl_3$）：δ 162.51，148.07，146.33，145.53，141.76，127.78，125.74，113.14，111.70，99.97，81.44，53.52，40.26，24.10。MS（ESI^+）m/z：424.7 $[M+H]^+$。IR（KBr，cm^{-1}）：3304，2227，1616，1560，1517，1448，1276，821，742。

（19）5-甲基-6-乙基-7-(3-二（2-氯乙基）氨基苯氨基)-3-氰基吡唑并[1，5a] 嘧啶（8i）

合成方法同 8a，将化合物 5i（0.5 mmol，111 mg）和化合物 6b（0.5 mmol，116 mg）加入到乙醇中回流得到淡黄色固体 8i（产率：90.2%）。mp：190～191℃。^1H NMR（400 MHz，$CDCl_3$）：δ 8.22（s，1H，—CH），7.79（s，1H，—NH），7.25（t，J=7.96 Hz，1H，ArH），6.55～6.62（m，2H，ArH），6.49（s，1H，—CH），3.74（t，J=7.08 Hz，4H，—CH_2CH_2Cl），3.64（t，J=6.52 Hz，4H，—CH_2CH_2Cl），2.64（s，3H，—CH_3），2.44（q，J=7.44 Hz，2H，—CH_2），0.92（t，J=7.40 Hz，3H，—CH_3）。^{13}C NMR（100 MHz，$CDCl_3$）：δ 164.28，148.44，147.33，145.73，142.57，139.60，113.60，113.17，110.22，108.47，107.53，80.77，53.32，40.30，23.64，19.77，13.18。MS（ESI^+）m/z：416.9 $[M+H]^+$。IR（KBr，cm^{-1}）：3305，2227，1602，1562，1529，1494，1350，1251，914，756，659。

（20）5-甲基-6-乙基-7-(4-二（2-氯乙基）氨基苯氨基)-3-氰基吡唑并[1，5a] 嘧啶（9i）

合成方法同 8a，将化合物 5i（0.5 mmol，111 mg）和化合物 6c（0.5 mmol，116 mg）加入到乙醇中回流得到淡黄色固体 9i（产率：93.8%）。mp：196～197℃。^1H NMR（400 MHz，$CDCl_3$）：δ 8.20（s，1H，—CH），7.86（s，1H，—NH），7.16（d，J=8.76 Hz，2H，ArH），6.69（d，J=8.88Hz，2H，ArH），3.78（t，J=7.08 Hz，4H，—CH_2CH_2Cl），3.67（t，J=6.68 Hz，4H，—CH_2CH_2Cl），2.59（s，3H，—CH_3），2.32（q，J=7.40 Hz，2H，—CH_2），0.85（t，J=7.36 Hz，3H，—CH_3）。^{13}C NMR（100 MHz，$CDCl_3$）：δ 164.04，148.33，145.62，145.55，143.59，127.63，127.48，

113.77，112.35，106.52，80.36，53.50，40.26，23.56，19.23，13.14。MS（ESI^+）m/z：417.0［M+H］$^+$。IR（KBr，cm^{-1}）：3380，2218，1610，1560，1521，1359，1273，1205，827，754。

（21）5-苯基-7-(3-二（2-氯乙基）氨基苯氨基)-3-氰基吡唑并［1，5a］嘧啶（8j）

合成方法同 8a，将化合物 5j（0.5 mmol，127 mg）和化合物 6b（0.5 mmol，116 mg）加入到乙醇中回流得到淡黄色固体 8j（产率：66.2%）。mp：161～162℃。^1H NMR（400 MHz，$CDCl_3$）：δ 8.08（s，1H，—CH），8.05～8.07（m，3H，—NH 和 ArH），7.47～7.49（m，3H，ArH），7.39（t，J=8.08Hz，1H，ArH），6.98（s，1H，—CH），6.85（d，J=7.60Hz，1H，ArH），6.66～6.71（m，2H，—ArH），3.79（t，J=7.04 Hz，4H，—CH_2CH_2Cl），3.67（t，J=6.48 Hz，4H，—CH_2CH_2Cl）。^{13}C NMR（100 MHz，$CDCl_3$）：δ 160.55，150.74，147.90，146.71，145.71，137.04，137.00，131.22，130.82，128.80，127.59，113.77，112.69，110.73，107.47，86.50，81.78，53.36，40.33。MS（ESI^+）m/z：451.0［M+H］$^+$。IR（KBr，cm^{-1}）：3319，2222，1625，1598，1533，1498，1411，1276，993，744。

（22）5-苯基-7-(4-二（2-氯乙基）氨基苯氨基)-3-氰基吡唑并［1，5a］嘧啶（9j）

合成方法同 8a，将化合物 5j（0.5 mmol，127 mg）和化合物 6c（0.5 mmol，116 mg）加入到乙醇中回流得到淡黄色固体 8j（产率：62.5%）。mp：174～175℃。^1H NMR（400 MHz，$CDCl_3$）：δ 8.27（s，1H，—CH），8.03（s，2H，ArH 和—NH），8.01（s，1H，ArH），7.44～7.66（m，3H，ArH），7.29（d，J=8.88 Hz，2H，ArH），6.79（d，J=8.96Hz，2H，ArH），6.69（s，1H，—CH），3.81（t，J=7.12 Hz，4H，—CH_2CH_2Cl），3.69（t，J=6.88 Hz，4H，—CH_2CH_2Cl）。^{13}C NMR（100 MHz，$CDCl_3$）：δ 160.50，150.78，146.75，146.41，145.71，137.23，130.71，128.75，127.62，126.92，124.83，114.25，112.91，85.91，81.60，53.51，53.42，40.29。

MS（ESI^+）m/z：450.9［M＋H］$^+$。IR（KBr，cm^{-1}）：3277，2225，1616，1591，1517，1411，1246，1159，748。

5.2.2 系列 2 目标化合物的合成

(1) 5-N，N-二甲氨基甲基-7-(3-二（2-氯乙基）氨基苯氨基)-3-氰基吡唑并［1，5a］嘧啶（10a）

在 10mL 圆底烧瓶中加入化合物二甲胺盐酸盐（0.75 mmol，105 mg），碳酸钾（0.75 mmol，104 mg）和 2mL DMF，室温搅拌 10min，加入化合物 8b，搅拌条件下升温至 40 ℃，反应 2h，TLC 检测反应完全。将反应体系降至室温，加入冷水搅拌，析出淡黄色的固体，抽滤，滤饼用水和乙醇淋洗后干燥得到目标化合物 10a（产率：68.8%）。^1H NMR（400 MHz，$CDCl_3$）：δ 8.19（s，1H，—CH），7.94（s，1H，—NH），7.28（t，J=8.00Hz，1H，ArH），6.83（s，1H，—CH），6.68（d，J=8.24Hz，1H，ArH），6.57（d，J=6.48Hz，2H，ArH），3.70（t，J=6.80 Hz，4H，—CH_2CH_2Cl），3.61（t，J=6.36 Hz，4H，—CH_2CH_2Cl），3.49（s，2H，—CH_2），2.22（s，6H，—CH_3）。^{13}C NMR（100 MHz，$CDCl_3$）：δ 165.11，150.43，147.64，146.29，145.75，137.15，131.04，113.68，112.41，110.38，107.13，88.75，80.80，65.56，53.35，45.77，40.40。MS（ESI^+）m/z：433.9［M＋H］$^+$。IR（KBr，cm^{-1}）：3356，2947，2769，2222，1624，1531，1508，1450，1261，1163，744。

(2) 5-N，N-二甲氨基甲基-7-(4-二（2-氯乙基）氨基苯氨基)-3-氰基吡唑并［1，5a］嘧啶（10b）

合成方法同 10a，最后得到黄色固体 10b（产率：66.5%）。^1H NMR（400 MHz，$CDCl_3$）：δ 8.26（s，1H，—CH），7.89（s，1H，—NH），7.24（d，J=9.24Hz，2H，ArH），6.77（d，J=8.92Hz，2H，ArH），6.59（s，1H，—CH），3.79（t，J=7.08 Hz，4H，—CH_2CH_2Cl），3.68（t，J=6.68 Hz，4H，—CH_2CH_2Cl），3.55（s，2H，—CH_2），2.28（s，6H，—CH_3）。^{13}C NMR（100 MHz，$CDCl_3$）：δ 164.84，150.35，146.59，146.37，145.52，

126.53，125.01，113.66，112.89，88.09，80.92，65.73，53.49，45.76，40.30。MS（ESI$^+$）m/z：432.1［M+H］$^+$。IR（KBr，cm^{-1}）：3348，2821，2224，1620，1585，1518，1354，1255，1185，819。

（3）5-吡咯烷基甲基-7-(3-二（2-氯乙基）氨基苯氨基)-3-氰基吡唑并［1，5a］嘧啶（11a）

合成方法同 10a，最后得到黄色固体 11a（产率：71.3%）。^{1}H NMR（400 MHz，$CDCl_3$）：δ 8.27（s，1H，—CH），8.05（s，1H，—NH），7.35（t，J=8.12Hz，1H，ArH），6.88（s，1H，—CH），6.75（d，J=7.16Hz，1H，ArH），6.63～6.66（m，2H，ArH），3.78（t，J = 8.44 Hz，4H，—CH_2CH_2Cl），3.78（s，2H，—CH_2），3.67（t，J=6.68 Hz，4H，—CH_2 CH_2Cl），2.58～2.62（m，4H，—CH_2），1.78～1.81（m，4H，—CH_2）。^{13}C NMR（100 MHz，$CDCl_3$）：δ 165.50，150.39，147.66，146.34，145.49，137.18，131.10，113.61，112.33，110.37，88.70，81.06，62.06，54.37，53.40，40.32，23.76。MS（ESI$^+$）m/z：458.1［M + H］$^+$。IR（KBr，cm^{-1}）：3253，2960，2974，2224，1624，1558，1500，1361，1172，758。

（4）5-吡咯烷基甲基-7-(4-二（2-氯乙基）氨基苯氨基)-3-氰基吡唑并［1，5a］嘧啶（11b）

合成方法同 10a，最后得到黄色固体 11b（产率：75.6%）。^{1}H NMR（400 MHz，$CDCl_3$）：δ 8.25（s，1H，—CH），7.89（s，1H，—NH），7.23（d，J=8.96Hz，2H，ArH），6.77（d，J=8.96Hz，2H，ArH），6.56（s，1H，—CH），3.79（t，J = 7.08 Hz，4H，—CH_2CH_2Cl），3.74（s，2H，—CH_2），3.68（t，J = 6.68 Hz，4H，—CH_2CH_2Cl），2.59（s，4H，—CH_2），1.78（s，4H，—CH_2）。^{13}C NMR（100 MHz，$CDCl_3$）：δ 164.92，150.39，146.58，146.37，145.51，126.54，125.04，113.76，112.65，88.31，80.73，62.06，54.32，53.46，40.36，23.67。MS（ESI$^+$）m/z：458.1［M+H］$^+$。IR（KBr，cm^{-1}）：3367，2960，2224，1618，1587，1518，1356，1280，1172，817。

(5) 5-(4-甲基哌啶基) 甲基-7-(3-二 (2-氯乙基) 氨基苯氨基)-3-氰基吡唑并 [1，5a] 嘧啶 (12a)

合成方法同 10a，最后得到黄色固体 12a (产率：78.9%)。^1H NMR (400 MHz, $CDCl_3$)：δ 8.26 (s, 1H, —CH), 7.36 (t, J = 7.92Hz, 1H, ArH), 6.95 (s, 1H, —CH), 6.77 (d, J = 8.60Hz, 1H, ArH), 6.65 (d, J = 8.40 Hz, 2H, ArH), 3.78 (t, J = 7.00 Hz, 4H, $—CH_2CH_2Cl$), 3.68 (t, J = 6.48 Hz, 4H, $—CH_2CH_2Cl$), 3.61 (s, 2H, $—CH_2$), 2.83 (d, J = 11.52 Hz, 2H, $—CH_2$), 2.11 (t, J = 11.52 Hz, 2H, $—CH_2$), 1.61 (d, J = 12.56 Hz, 2H, $—CH_2$), 1.24～1.42 (m, 1H, —CH), 1.15～1.24 (m, 2H, $—CH_2$), 0.89 (s, 3H, $—CH_3$)。^{13}C NMR (100 MHz, $CDCl_3$)：δ 165.60, 150.44, 147.64, 146.27, 145.43, 137.28, 137.28, 131.01, 113.65, 112.14, 110.30, 106.88, 88.70, 80.92, 64.56, 54.23, 53.39, 40.37, 34.38, 30.43, 21.89。MS (ESI^+) m/z：488.0 $[M+H]^+$。IR (KBr, cm^{-1})：3348, 2922, 2224, 1624, 1568, 1535, 1444, 1315, 1172, 758。

(6) 5-(4-甲基哌啶基) 甲基-7-(4-二 (2-氯乙基) 氨基苯氨基)-3-氰基吡唑并 [1，5a] 嘧啶 (12b)

合成方法同 10a，最后得到黄色固体 12b (产率：83.4%)。^1H NMR (400 MHz, $CDCl_3$)：δ 8.25 (s, 1H, —CH), 7.24 (d, J = 8.82Hz, 1H, ArH), 6.78 (d, J = 8.96Hz, 1H, ArH), 6.66 (s, 1H, —CH), 3.80 (t, J = 7.00 Hz, 4H, $—CH_2CH_2Cl$), 3.69 (t, J = 6.68 Hz, 4H, $—CH_2CH_2Cl$), 3.59 (s, 2H, $—CH_2$), 2.80～2.96 (m, 2H, $—CH_2$), 2.09 (t, J = 11.48 Hz, 2H, $—CH_2$), 1.61 (d, J = 12.04 Hz, 2H, $—CH_2$), 1.34～1.39 (m, 1H, —CH), 1.13～1.22 (m, 2H, $—CH_2$), 0.88 (s, 3H, $—CH_3$)。^{13}C NMR (100 MHz, $CDCl_3$)：δ 165.23, 150.47, 146.51, 146.36, 145.43, 126.42, 125.19, 113.76, 112.86, 88.24, 80.70, 64.43, 54.14, 53.50, 40.32, 34.39, 30.45, 21.92。MS (ESI^+) m/z：487.8 $[M+H]^+$。IR (KBr, cm^{-1})：3354, 2922, 2224, 1620, 1585, 1517, 1313, 1253, 817。

（7）5-吗啉基甲基-7-(3-二（2-氯乙基）氨基苯氨基)-3-氰基吡唑并［1，5a］嘧啶（13a）

合成方法同10a，最后得到黄色固体13a（产率：75.8%）。^{1}H NMR（400 MHz，$CDCl_3$）：δ 8.28（s，1H，—CH），8.09（s，1H，—NH），7.37（t，J=8.04Hz，1H，ArH），6.91（s，1H，—CH），6.76（d，J=7.68Hz，1H，ArH），6.64～6.68（m，2H，ArH），3.79（t，J=6.92 Hz，4H，$—CH_2CH_2Cl$），3.66～3.71（m，8H，$—CH_2CH_2Cl$ 和 $—CH_2$），3.65（s，2H，$—CH_2$），2.54（s，4H，$—CH_2$）。^{13}C NMR（100 MHz，$CDCl_3$）：δ 164.22，150.42，147.74，146.38，145.52，137.13，131.07，113.48，112.21，110.47，106.98，88.62，81.25，66.94，64.52，53.76，53.36，40.32。MS（ESI^+）m/z：474.0［M+H］$^+$。IR（KBr，cm^{-1}）：3248，2989，2224，1620，1566，1502，1170，1111，750。

（8）5-吗啉基甲基-7-(4-二（2-氯乙基）氨基苯氨基)-3-氰基吡唑并［1，5a］嘧啶（13b）

合成方法同10a，最后得到黄色固体13b（产率：80.2%）。^{1}H NMR（400 MHz，$CDCl_3$）：δ 8.19（s，1H，—CH），7.84（s，1H，—NH），7.17（d，J=8.92Hz，2H，ArH），6.72（d，J=8.84Hz，2H，ArH），6.53（s，1H，—CH），3.74（t，J=6.88 Hz，4H，$—CH_2CH_2Cl$），3.62～3.64（m，8H，$—CH_2CH_2Cl$ 和$—CH_2$），3.55（s，2H，$—CH_2$），2.46（s，4H，$—CH_2$）。^{13}C NMR（100 MHz，$CDCl_3$）：δ 162.82，149.42，145.54，145.44，144.58，125.44，123.97，112.59，111.86，87.14，80.04，65.91，63.42，52.71，52.47，39.31。MS（ESI^+）m/z：473.8［M+H］$^+$。IR（KBr，cm^{-1}）：3346，2852，2224，1618，1587，1517，1315，1263，1112，819。

（9）5-哌嗪基甲基-7-(3-二（2-氯乙基）氨基苯氨基)-3-氰基吡唑并［1，5a］嘧啶（14a）

合成方法同10a，最后得到黄色固体14a（产率：79.1%）。^{1}H NMR（400 MHz，$CDCl_3$）：δ 8.27（s，1H，—CH），8.07（s，1H，—NH），7.37（t，J=8.08Hz，1H，ArH），6.91（s，1H，—CH），6.76（d，J=7.64Hz，

1H，ArH)，6.63～6.68 (m，2H，ArH)，3.79 (t，J = 7.00 Hz，4H，—CH_2CH_2Cl)，3.68 (t，J=6.52 Hz，4H，—CH_2CH_2Cl)，3.65 (s，2H，—CH_2)，2.58 (s，4H，—CH_2)，2.43 (s，4H，—CH_2)，2.28 (s，3H，—CH_3)。^{13}C NMR (100 MHz，$CDCl_3$)：δ 164.69，150.41，147.67，146.32，145.49，137.18，131.04，113.55，112.22，110.40，106.95，88.69，81.08，64.04，55.07，53.38，53.29，40.36。MS (ESI^+) m/z：486.9 $[M+H]^+$。IR (KBr，cm^{-1})：3356，2799，2224，1624，1551，1535，1456，1315，1168，758。

(10) 5-哌嗪基甲基-7-(4-二 (2-氯乙基) 氨基苯氨基)-3-氰基吡唑并［1，5a］嘧啶 (14b)

合成方法同 10a，最后得到黄色固体 14b (产率：76.2%)。^{1}H NMR (400 MHz，$CDCl_3$)：δ 8.25 (s，1H，—CH)，7.91 (s，1H，—NH)，7.24 (d，J=8.08Hz，2H，ArH)，6.79 (d，J=8.48Hz，2H，ArH)，6.60 (s，1H，—CH)，3.80 (t，J=6.48 Hz，4H，—CH_2CH_2Cl)，3.69 (t，J=6.16 Hz，4H，—CH_2CH_2Cl)，3.63 (s，2H，—CH_2)，2.57 (s，4H，—CH_2)，2.43 (s，4H，—CH_2)，2.28 (s，3H，—CH_3)。^{13}C NMR (100 MHz，$CDCl_3$)：δ 164.25，150.45，146.58，146.40，145.50，126.50，125.06，113.66，112.87，88.27，80.83，63.87，55.06，53.47，53.17，46.02，40.32。MS (ESI^+) m/z：487.1 $[M+H]^+$。IR (KBr，cm^{-1})：3348，2800，2224，1620，1568，1517，1456，1251，1010，815。

(11) 5-(4-二甲氨基哌啶基) 甲基-7-(3-二 (2-氯乙基) 氨基苯氨基)-3-氰基吡唑并［1，5a］嘧啶 (15a)

合成方法同 10a，最后得到黄色固体 15a (产率：89.8%)。^{1}H NMR (400 MHz，$CDCl_3$)：δ 8.27 (s，1H，—CH)，8.03 (s，1H，—NH)，7.35 (t，J=8.04Hz，1H，ArH)，6.95 (s，1H，—CH)，6.76 (d，J=7.88Hz，1H，ArH)，6.61～6.66 (m，2H，ArH)，3.77 (t，J = 7.04 Hz，4H，—CH_2CH_2Cl)，3.67 (t，J=6.48 Hz，4H，—CH_2CH_2Cl)，3.63 (s，2H，—CH_2)，2.91 (d，J=11.80 Hz，2H，—CH_2)，2.27 (s，6H，—CH_3)，

2.03～2.16（m，3H，—CH_2 和 —CH），1.82（d，J = 12.12 Hz，2H，—CH_2），1.47～1.50（m，2H，—CH_2）。^{13}C NMR（100 MHz，$CDCl_3$）：δ 165.33，150.41，147.68，146.31，145.48，137.16，131.07，113.54，112.15，110.37，106.85，88.51，81.07，64.14，61.99，53.38，53.31，41.96，40.26，28.90。MS（ESI$^+$）m/z：515.1［M + H］$^+$。IR（KBr，cm^{-1}）：3277，2225，1616，1591，1517，1411，1246，1159，748。

（12）5-(-二甲氨基哌啶基）甲基-7-(4-二（2-氯乙基）氨基苯氨基)-3-氰基吡唑并［1，5a］嘧啶（15b）

合成方法同 10a，最后得到黄色固体 15b（产率：86.5%）。^{1}H NMR（400 MHz，$CDCl_3$）：δ 8.25（s，1H，—CH），7.89（s，1H，—NH），7.24（d，J=8.88Hz，2H，ArH），6.77（d，J=8.92Hz，2H，ArH），6.67（s，1H，—CH），3.79（t，J=7.00 Hz，4H，—CH_2CH_2Cl），3.69（t，J=7.00 Hz，4H，—CH_2CH_2Cl），3.59（s，2H，—CH_2），2.90（d，J=11.52 Hz，4H，—CH_2），2.27（s，6H，—CH_3），2.03～2.15（m，3H，—CH_2 和 —CH），1.83（d，J = 11.68 Hz，4H，—CH_2），1.41～1.50（m，2H，—CH_2）。^{13}C NMR（100 MHz，$CDCl_3$）：δ 164.99，150.41，146.49，146.32，145.48，126.32，125.06，113.69，112.80，87.99，80.74，64.04，61.96，53.47，53.20，41.93，40.30，28.85。MS（ESI$^+$）m/z：515.1［M+H］$^+$。IR（KBr，cm^{-1}）：3491，2941，2224，1622，1568，1535，1313，1168，750。

（13）5-(-乙基哌嗪基）甲基-7-(3-二（2-氯乙基）氨基苯氨基)-3-氰基吡唑并［1，5a］嘧啶（16a）

合成方法同 10a，最后得到黄色固体 16a（产率：90.3%）。^{1}H NMR（400 MHz，$CDCl_3$）：δ 8.27（s，1H，—CH），8.08（s，1H，—NH），7.36（t，J=8.00Hz，1H，ArH），6.91（s，1H，—CH），6.76（d，J=7.56Hz，1H，ArH），6.64～6.67（m，2H，ArH），3.79（t，J = 7.08 Hz，4H，—CH_2CH_2Cl），3.68（t，J=6.84 Hz，4H，—CH_2CH_2Cl），3.66（s，2H，—CH_2），2.38～2.59（m，10H，—CH_2），1.08（t，J = 7.20 Hz，3H，—CH_3）。^{13}C NMR（100 MHz，$CDCl_3$）：δ 164.69，150.42，147.64，146.31，

145.47，137.19，131.02，113.58，112.18，110.13，106.91，88.71，81.02，64.07，53.37，53.31，52.78，52.26，40.36，12.01。MS（ESI^+）m/z：501.1［M+H］$^+$。IR（KBr，cm^{-1}）：3348，2810，2224，1624，1568，1502，1313，1166，1016，758。

（14）5-(-乙基哌嗪基）甲基-7-(4-二（2-氯乙基）氨基苯氨基)-3-氰基吡唑并［1，5a］嘧啶（16b）

合成方法同 10a，最后得到黄色固体 16b（产率：88.2%）。^{1}H NMR（400 MHz，$CDCl_3$）：δ 8.25（s，1H，—CH），7.92（s，1H，—NH），7.24（d，J=9.00Hz，2H，ArH），6.78（d，J=9.00Hz，2H，ArH），6.60（s，1H，—CH），3.80（t，J=7.20 Hz，4H，—CH_2CH_2Cl），3.69（t，J=6.92 Hz，4H，—CH_2CH_2Cl），3.63（s，2H，—CH_2），2.38～2.58（m，10H，—CH_2），1.08（t，J = 7.20 Hz，3H，—CH_3）。^{13}C NMR（100 MHz，$CDCl_3$）：δ 164.15，150.48，146.65，146.35，145.50，126.53，125.05，113.73，112.86，88.39，80.60，63.82，53.44，53.14，52.70，52.24，40.37，11.91。MS（ESI^+）m/z：501.1［M + H］$^+$。IR（KBr，cm^{-1}）：3356，2814，2222，1622，1585，1518，1313，1238，1172，819。

（15）5-(-羟基哌啶基）甲基-7-(3-二（2-氯乙基）氨基苯氨基)-3-氰基吡唑并［1，5a］嘧啶（17a）

合成方法同 10a，最后得到黄色固体 17a（产率：59.1%）。^{1}H NMR（400 MHz，$CDCl_3$）：δ 8.01（s，1H，—CH），7.38（s，1H，—NH），7.34（t，J=8.12Hz，1H，ArH），6.94（s，1H，—CH），6.77（d，J=8.80Hz，1H，ArH），6.63～6.67（m，2H，ArH），3.78（t，J = 7.24 Hz，4H，—CH_2CH_2Cl），3.67～3.73（m，5H，—CH_2CH_2Cl 和 —CH），3.64（s，2H，—CH_2），2.77 ～ 2.82（m，2H，—CH_2），2.25 ～ 2.31（m，2H，—CH_2），1.86～1.91（m，2H，—CH_2），1.54～1.61（m，2H，—CH_2）。^{13}C NMR（100 MHz，$CDCl_3$）：δ 165.07，150.45，147.67，146.32，145.66，137.17，131.01，113.64，112.19，110.40，107.04，88.70，80.81，67.50，63.93，53.32，51.43，40.38，34.41。MS（ESI^+）m/z：488.0［M+H］$^+$。

IR（KBr，cm^{-1}）：3361，2968，2222，1612，1584，1514，1415，1240，1176，815。

（16）5-(-羟基哌啶基）甲基-7-(4-二（2-氯乙基）氨基苯氨基)-3-氰基吡唑并［1，5a］嘧啶（17b）

合成方法同10a，最后得到黄色固体17b（产率：63.6%）。^1H NMR（400 MHz，$CDCl_3$）：δ 8.19（s，1H，—CH），7.84（s，1H，—NH），7.17（d，J=8.12Hz，2H，ArH），6.71（d，J=8.64Hz，2H，ArH），6.57（s，1H，—CH），3.73（t，J=6.68 Hz，4H，$—CH_2CH_2Cl$），3.61～3.64（m，5H，$—CH_2CH_2Cl$ 和 —CH），3.54（s，2H，$—CH_2$），2.71（d，J=11.00Hz，2H，$—CH_2$），2.19（t，J=10.12Hz，2H，$—CH_2$），1.81（d，J=9.88Hz，2H，$—CH_2$），1.45～1.55（m，2H，$—CH_2$）。MS（ESI^+）m/z：488.1［M+H］$^+$。IR（KBr，cm^{-1}）：3354，2927，2223，1618，1587，1517，1064，817。

（17）5-(-羟乙基哌啶基）甲基-7-(3-二（2-氯乙基）氨基苯氨基)-3-氰基吡唑并［1，5a］嘧啶（18a）

合成方法同10a，最后得到黄色固体18a（产率：62.3%）。^1H NMR（400 MHz，$CDCl_3$）：δ 8.27（s，1H，—CH），8.02（s，1H，—NH），7.36（t，J=7.92Hz，1H，ArH），6.93（s，1H，—CH），6.76（d，J=7.28Hz，1H，ArH），6.64～6.67（m，2H，ArH），3.78（t，J=7.00 Hz，4H，$—CH_2CH_2Cl$），3.68（t，J=6.92 Hz，4H，$—CH_2CH_2Cl$），3.63（s，2H，$—CH_2$），3.50（d，J=6.24 Hz，2H，$—CH_2$），2.89（d，J=11.68 Hz，2H，$—CH_2$），2.14（t，J=11.52 Hz，2H，$—CH_2$），1.32～1.73（m，5H，$—CH_2$和 —CH）。^{13}C NMR（100 MHz，$CDCl_3$）：δ 165.26，150.44，147.67，146.30，145.55，137.23，130.00，113.64，112.17，110.36，106.96，88.79，80.85，67.59，64.48，53.77，53.35，40.41，38.21，28.83。MS（ESI^+）m/z：502.0［M+H］$^+$。IR（KBr，cm^{-1}）：3356，2922，2224，1624，1568，1534，1313，1170，1039，758。

(18) 5-(-羟乙基哌啶基) 甲基-7-(4-二 (2-氯乙基) 氨基苯氨基)-3-氰基吡唑并 [1, 5a] 嘧啶 (18b)

合成方法同 10a，最后得到黄色固体 18b (产率: 60.9%)。^1H NMR (400 MHz, $CDCl_3$): δ 8.25 (s, 1H, —CH), 7.93 (s, 1H, —NH), 7.24 (d, J=8.84Hz, 2H, ArH), 6.78 (d, J=8.92Hz, 2H, ArH), 6.64 (s, 1H, —CH), 3.80 (t, J=6.68 Hz, 4H, $—CH_2CH_2Cl$), 3.69 (t, J=7.08 Hz, 4H, $—CH_2CH_2Cl$), 3.60 (s, 2H, $—CH_2$), 3.50 (d, J=6.24 Hz, 2H, $—CH_2$), 2.88 (d, J=11.32 Hz, 2H, $—CH_2$), 2.12 (t, J=11.52 Hz, 2H, $—CH_2$), 1.70 (d, J=12.28 Hz, 2H, $—CH_2$), 1.48～1.55 (m, 1H, —CH), 1.23～1.30 (m, 1H, $—CH_2$)。^{13}C NMR (100 MHz, $CDCl_3$): δ 164.91, 150.46, 146.55, 146.37, 145.47, 126.39, 125.11, 113.75, 112.87, 88.30, 80.63, 67.63, 64.34, 53.67, 53.46, 40.39, 38.20, 28.81。MS (ESI^+) m/z: 502.0 $[M+H]^+$。IR (KBr, cm^{-1}): 3354, 2920, 2224, 1620, 1587, 1518, 1357, 1313, 1039, 817。

(19) 5-(-哌啶基哌啶) 甲基-7-(3-二 (2-氯乙基) 氨基苯氨基)-3-氰基吡唑并 [1, 5a] 嘧啶 (19a)

合成方法同 10a，最后得到黄色固体 20a (产率: 93.5%)。^1H NMR (400 MHz, $CDCl_3$): δ 8.29 (s, 1H, —CH), 8.11 (s, 1H, —NH), 7.36 (t, J=8.12Hz, 1H, ArH), 6.94 (s, 1H, —CH), 6.76 (d, J=7.76Hz, 1H, ArH), 6.61～6.67 (m, 2H, ArH), 3.77 (t, J=6.96 Hz, 4H, $—CH_2CH_2Cl$), 3.68 (t, J=6.76 Hz, 4H, $—CH_2CH_2Cl$), 3.62 (s, 2H, $—CH_2$), 2.91 (d, J=11.68 Hz, 2H, $—CH_2$), 2.49 (s, 4H, $—CH_2$), 2.09～2.22 (m, 3H, $—CH_2$ 和 —CH), 1.81 (d, J=12.08 Hz, 2H, $—CH_2$), 1.43～1.61 (m, 8H, $—CH_2$)。^{13}C NMR (100 MHz, $CDCl_3$): δ 165.40, 150.39, 147.68, 146.31, 145.45, 137.17, 131.10, 113.53, 112.17, 110.38, 106.81, 88.52, 81.11, 64.20, 62.28, 53.73, 53.39, 50.42, 40.26, 28.35, 26.32, 24.73。MS (ESI^+) m/z: 554.9 $[M+H]^+$。IR (KBr, cm^{-1}): 3354, 2933, 2796, 2224, 1623, 1562, 1535, 1313, 1170,

1111，758。

(20) 5-(-哌啶基哌啶) 甲基-7-(4-二 (2-氯乙基) 氨基苯氨基)-3-氰基吡唑并 [1, 5a] 嘧啶 (19b)

合成方法同 10a，最后得到黄色固体 20b (产率：85.7%)。^1H NMR (400 MHz, $CDCl_3$)：δ 8.25 (s, 1H, —CH), 7.88 (s, 1H, —NH), 7.23 (d, J=8.96Hz, 2H, ArH), 6.78 (d, J=9.04Hz, 2H, ArH), 6.66 (s, 1H, —CH), 3.80 (t, J=7.16 Hz, 4H, —CH_2CH_2Cl), 3.69 (t, J=6.60 Hz, 4H, —CH_2CH_2Cl), 3.56 (s, 2H, —CH_2), 2.90 (d, J=11.68 Hz, 2H, —CH_2), 2.46 (s, 4H, —CH_2), 2.07～2.19 (m, 3H, —CH_2 和 —CH), 1.82 (d, J = 12.68 Hz, 2H, —CH_2), 1.52～1.61 (m, 8H, —CH_2)。^{13}C NMR (100 MHz, $CDCl_3$)：δ 165.08, 150.41, 146.49, 146.33, 145.50, 126.34, 125.07, 113.66, 112.82, 87.96, 80.78, 64.09, 62.22, 53.61, 53.50, 50.44, 40.27, 28.37, 26.31, 24.70。MS (ESI^+) m/z：555.2 $[M+H]^+$。IR (KBr, cm^{-1})：3354，2933，2798，2224，1618，1566，1518，1355，1111，817。

(21) 5-(-乙氧羰基哌啶基) 甲基-7-(3-二 (2-氯乙基) 氨基苯氨基)-3-氰基吡唑并 [1, 5a] 嘧啶 (20a)

合成方法同 10a，最后得到黄色固体 19a (产率：93.5%)。^1H NMR (400 MHz, $CDCl_3$)：δ 8.06 (s, 1H, —CH), 7.39 (s, 1H, —NH), 7.35 (t, J=8.04Hz, 1H, ArH), 6.95 (s, 1H, —CH), 6.75 (d, J=7.48Hz, 1H, ArH), 6.64～6.67 (m, 2H, ArH), 4.14 (q, J = 7.12 Hz, 2H, —CH_2), 3.78 (t, J=6.92 Hz, 4H, —CH_2CH_2Cl), 3.68 (t, J=6.96 Hz, 4H, —CH_2CH_2Cl), 3.63 (s, 2H, —CH_2), 2.87 (d, J=11.64 Hz, 2H, —CH_2), 2.28～2.33 (m, 1H, —CH), 2.15～2.26 (m, 2H, —CH_2), 1.90 (d, J=11.00 Hz, 2H, —CH_2), 1.62～1.75 (m, 2H, —CH_2), 1.26 (t, J=7.12 Hz, 2H, —CH_3)。^{13}C NMR (100 MHz, $CDCl_3$)：δ 175.09, 165.20, 150.39, 147.72, 146.32, 145.46, 137.14, 131.12, 113.49, 112.13, 110.44, 106.78, 88.43, 81.19, 64.41, 60.35, 53.35, 53.25,

40.79，40.27，28.38，14.21。MS（ESI^+）m/z：544.0 $[M+H]^+$。IR（KBr，cm^{-1}）：3357，2939，2225，1726，1624，1568，1535，1500，1317，1170，758。

(22) 5-(-乙氧羰基哌啶基）甲基-7-(4-二（2-氯乙基）氨基苯氨基)-3-氰基吡唑并［1，5a］嘧啶（20b）

合成方法同 10a，最后得到黄色固体 19b（产率：88.2%）。^1H NMR（400 MHz，$CDCl_3$）：δ 8.18（s，1H，—CH），7.82（s，1H，—NH），7.16（d，J=8.96Hz，2H，ArH），6.72（d，J=9.04Hz，2H，ArH），6.58（s，1H，—CH），4.06（q，J=7.12 Hz，2H，—CH_2），3.73（t，J=7.16 Hz，4H，—CH_2CH_2Cl），3.62（t，J=6.84 Hz，4H，—CH_2CH_2Cl），3.53（s，2H，—CH_2），2.78（d，J=11.68 Hz，2H，—CH_2），2.22～2.26（m，1H，—CH），2.18～2.21（m，2H，—CH_2），2.12～2.21（m，4H，—CH_2），1.66（t，J = 8.24 Hz，3H，—CH_3）。^{13}C NMR（100 MHz，$CDCl_3$）：δ 174.19，163.82，149.41，145.53，145.36，144.51，125.35，123.97，112.68，111.81，86.97，79.82，63.32，59.36，52.49，52.16，39.79，39.32，27.32，13.22。MS（ESI^+）m/z：543.9 $[M+H]^+$。IR（KBr，cm^{-1}）：3354，2947，2224，1626，1618，1585，1518，1315，1186，819。

(23) 5-(-苯基哌啶）甲基-7-(3-二（2-氯乙基）氨基苯氨基)-3-氰基吡唑并［1，5a］嘧啶（21a）

合成方法同 10a，最后得到黄色固体 21a（产率：86.7%）。^1H NMR（400 MHz，$CDCl_3$）：δ 8.31（s，1H，—CH），7.19～7.39（m，6H，ArH），6.98（s，1H，—CH），6.76（d，J=7.36 Hz，1H，ArH），6.65～6.68（m，2H，ArH），3.78（t，J=7.08 Hz，4H，—CH_2CH_2Cl），3.67（t，J=6.88 Hz，4H，—CH_2CH_2Cl），3.65（s，2H，—CH_2），2.99（d，J=11.48 Hz，2H，—CH_2），2.49（t，J=7.64 Hz，1H，—CH），2.28（t，J=11.68 Hz，2H，—CH_2），1.84（d，J=11.28 Hz，2H，—CH_2），1.70～1.79（m，2H，—CH_2）。^{13}C NMR（100 MHz，$CDCl_3$）：δ 165.29，150.46，147.73，146.35，146.16，145.51，137.26，131.08，128.42，126.77，126.19，113.59，112.24，

110.40，106.93，88.71，81.12，64.54，54.59，53.39，42.14，40.31，33.47。MS（ESI$^+$）m/z：549.9［M+H］$^+$。IR（KBr，cm^{-1}）：3346，2933，2798，2224，1622，1568，1535，1500，1359，1170，758。

（24）5-(-苯基哌啶）甲基-7-(3-二（2-氯乙基）氨基苯氨基)-3-氰基吡唑并［1，5a］嘧啶（21b）

合成方法同10a，最后得到黄色固体21b（产率：82.5%）。^{1}H NMR（400 MHz，$CDCl_3$）：δ 8.26（s，1H，—CH），7.88（s，1H，—NH），7.19～7.33（m，7H，ArH），6.78（d，J=8.96 Hz，2H，ArH），6.69（s，1H，—CH），3.79（t，J=7.36 Hz，4H，—CH_2CH_2Cl），3.68（t，J=6.68 Hz，4H，—CH_2CH_2Cl），3.66（s，2H，—CH_2），2.99（d，J=11.40 Hz，2H，—CH_2），2.49～2.56（m，1H，—CH），2.26（t，J=11.44 Hz，2H，—CH_2），1.84（d，J=10.76 Hz，2H，—CH_2），1.71～1.78（m，2H，—CH_2）。^{13}C NMR（100 MHz，$CDCl_3$）：δ 164.94，150.50，146.56，146.40，146.21，145.51，128.45，126.73，126.46，126.19，125.15，113.72，112.86，88.20，80.83，64.35，54.47，53.52，42.14，40.33，33.46。MS（ESI$^+$）m/z：548.1［M+H］$^+$。IR（KBr，cm^{-1}）：3346，2933，2796，2224，1620，1585，1517，1490，1313，1178，750。

5.2.3 系列3目标化合物的合成

中间体化合物23a～s合成通法：按照系列3目标化合物的设计合成路线，化合物5b与不同基团取代的苯胺按照物质的量比1∶1的量在乙醇中加热回流2～3h后得到固体化合物22a～22s，将化合物22a～22s抽滤干燥后直接与二乙醇胺按照物质的量比1∶2的量加入到20 mL茄形瓶中，然后加入DMF和K_2CO_3在40 ℃条件下搅拌2～4 h，TLC检测反应，反应完全后降至室温，加入冷水析出固体。抽滤后的固体用乙醇和水重结晶得到中间体产物23a～23s。

（1）5-(二（2-羟乙基）氨基）甲基-7-(4-氟苯氨基)-3-氰基吡唑并［1，5a］嘧啶（23a）

^{1}H NMR（400 MHz，DMSO-d_6）：δ 10.37（s，1H，—NH），8.72（s，

1H，—CH)，7.51 (d，J=7.36 Hz，2H，ArH)，7.31 (d，J=8.76 Hz，2H，ArH)，6.74 (s，1H，—CH)，4.38 (t，J=5.28 Hz，2H，—OH)，3.75 (s，2H，—CH_2)，3.39～3.44 (m，4H，—CH_2)，2.60 (t，J=6.20 Hz，2H，—CH_2)。^{13}C NMR (100 MHz，DMSO-d_6)：δ 166.18，161.18，158.76，150.63，146.39，132.89，126.74，126.65，116.27，116.04，114.18，88.25，78.55，60.86，59.15，56.77。MS (ESI$^+$) m/z：372.2 [M+H]$^+$。IR (KBr，cm^{-1})：3421，2879，2225，1622，1571，1514，1490，1313，1217，1076，835，542。

(2) 5-(二(2-羟乙基) 氨基) 甲基-7-(4-氯苯氨基)-3-氰基吡唑并 [1，5a] 嘧啶 (23b)

^{1}H NMR (400 MHz，DMSO-d_6)：δ 10.45 (s，1H，—NH)，8.73 (s，1H，—CH)，7.52 (s，4H，ArH)，6.88 (s，1H，—CH)，4.41 (t，J=5.20 Hz，2H，—OH)，3.77 (s，2H，—CH_2)，3.41～3.46 (m，4H，—CH_2)，2.61 (t，J=6.12 Hz，4H，—CH_2)。^{13}C NMR (100 MHz，DMSO-d_6)：δ 166.25，150.63，146.51，145.80，135.74，132.18，129.27，125.70，114.12，88.66，78.71，60.82，59.10，56.75。MS (ESI$^+$) m/z：388.7 [M+H]$^+$。IR (KBr，cm^{-1})：3417，2926，2796，2227，1624，1597，1535，1487，1313，1170，827。

(3) 5-(二(2-羟乙基) 氨基) 甲基-7-(4-溴苯氨基)-3-氰基吡唑并 [1，5a] 嘧啶 (23c)

^{1}H NMR (400 MHz，DMSO-d_6)：δ 10.45 (s，1H，—NH)，8.73 (s，1H，—CH)，7.62 (d，J=8.72 Hz，2H，ArH)，7.46 (d，J=8.76 Hz，2H，ArH)，6.90 (s，1H，—CH)，4.42 (t，J=5.12 Hz，2H，—OH)，3.78 (s，2H，—CH_2)，3.42～3.46 (m，4H，—CH_2)，2.62 (t，J=6.08 Hz，4H，—CH_2)。^{13}C NMR (100 MHz，DMSO-d_6)：δ 166.26，150.63，146.50，145.67，136.19，132.18，129.27，125.93，125.69，118.00，114.11，88.71，78.73，60.82，59.09，56.74。MS (ESI$^+$) m/z：432.9 [M+H]$^+$。IR (KBr，cm^{-1})：3317，2879，2227，16222，1562，1535，1485，1290，1076，819，534。

(4) 5-(二 (2-羟乙基) 氨基) 甲基-7-(4-三氟甲基苯氨基)-3-氰基吡唑并 [1, 5a] 嘧啶 (23d)

^{1}H NMR (400 MHz, DMSO-d_6): δ 10.68 (s, 1H, —NH), 8.76 (s, 1H, —CH), 7.81 (d, J=8.68 Hz, 2H, ArH), 7.74 (d, J=8.56 Hz, 2H, ArH), 7.10 (s, 1H, —CH), 4.44 (t, J=4.96 Hz, 2H, —OH), 3.81 (s, 2H, —CH_2), 3.44~3.48 (m, 4H, —CH_2), 2.64 (t, J=6.00 Hz, 4H, —CH_2)。^{13}C NMR (100 MHz, DMSO-d_6): δ 166.62, 150.66, 146.54, 145.17, 140.95, 126.47, 126.43, 125.48, 125.13, 123.27, 114.03, 89.45, 78.95, 60.84, 59.05, 56.73。MS (ESI$^+$) m/z: 421.2 [M+H]$^+$。IR (KBr, cm^{-1}): 3365, 2945, 2827, 2229, 1627, 1566, 1541, 1413, 1325, 1116, 761。

(5) 5-(二 (2-羟乙基) 氨基) 甲基-7-(4-乙氧羰基苯氨基)-3-氰基吡唑并 [1, 5a] 嘧啶 (23e)

^{1}H NMR (400 MHz, DMSO-d_6): δ 10.62 (s, 1H, —NH), 8.75 (s, 1H, —CH), 8.02 (d, J=8.44 Hz, 2H, ArH), 7.65 (d, J=8.72 Hz, 2H, ArH), 7.12 (s, 1H, —CH), 4.43 (t, J=5.28 Hz, 2H, —OH), 4.32 (q, J=7.04 Hz, 2H, —CH_2), 3.80 (s, 2H, —CH_2), 3.43~3.47 (m, 4H, —CH_2), 2.63 (t, J=6.00 Hz, 4H, —CH_2), 2.1.34 (t, J=7.08 Hz, 3H, —CH_3)。^{13}C NMR (100 MHz, DMSO-d_6): δ 166.60, 165.08, 150.67, 146.49, 145.00, 141.57, 130.39, 126.20, 122.47, 114.01, 89.63, 78.98, 60.88, 60.64, 59.12, 56.79。MS (ESI$^+$) m/z: 425.1 [M+H]$^+$。IR (KBr, cm^{-1}): 3439, 2821, 2231, 1716, 1626, 1595, 1562, 1537, 1276, 1176, 1022, 756。

(6) 5-(二 (2-羟乙基) 氨基) 甲基-7-(3-氟苯氨基)-3-氰基吡唑并 [1, 5a] 嘧啶 (23f)

^{1}H NMR (400 MHz, DMSO-d_6): δ 10.49 (s, 1H, —NH), 8.74 (s, 1H, —CH), 8.03 (m, 1H, ArH), 7.36 (t, J=8.80 Hz, 2H, ArH), 7.13 (t, J=8.76 Hz, 1H, ArH), 6.95 (s, 1H, —CH), 4.39 (s, 2H,

—OH)，3.79（s，2H，—CH_2），3.44（t，J=6.12 Hz，4H，—CH_2），2.63（t，J = 6.00 Hz，4H，—CH_2）。^{13}C NMR（100 MHz，DMSO-d_6）：δ166.42，163.56，150.61，146.48，145.61，138.71，119.58，114.08，112.56，110.99，88.98，78.81，60.89，59.22，56.86。MS（ESI^+）m/z：371.5 $[M+H]^+$。IR（KBr，cm^{-1}）：3388，2953，2231，1625，1577，1533，1492，1259，1143，756。

(7) 5-(二（2-羟乙基）氨基）甲基-7-(3-氯苯氨基)-3-氰基吡唑并［1，5a］嘧啶（23g）

^{1}H NMR（400 MHz，DMSO-d_6）：δ 10.48（s，1H，—NH），8.73（s，1H，—CH），7.55（s，1H，—ArH），7.48（d，J=5.08 Hz，1H，ArH），7.34～7.37（m，2H，ArH），6.89（s，1H，—CH），4.38（t，J=4.84 Hz，2H，—OH），3.77（s，2H，—CH_2），3.41～3.46（m，4H，—CH_2），2.62（t，J = 6.20 Hz，4H，—CH_2）。^{13}C NMR（100 MHz，DMSO-d_6）：δ166.40，150.66，146.53，145.73，138.54，133.58，130.91，125.63，123.69，122.33，114.12，88.89，78.74，60.90，59.28，56.89。MS（ESI^+）m/z：388.8 $[M+H]^+$。IR（KBr，cm^{-1}）：3350，2953，2816，2231，1624，1589，1566，1479，1315，1080，798。

(8) 5-(二（2-羟乙基）氨基）甲基-7-(3-溴苯氨基)-3-氰基吡唑并［1，5a］嘧啶（23h）

^{1}H NMR（400 MHz，DMSO-d_6）：δ 10.47（s，1H，—NH），8.74（s，1H，—CH），7.69（s，1H，ArH），7.51（q，J=7.92 Hz，2H，ArH），7.42（t，J=7.92 Hz，1H，ArH），6.89（s，1H，—CH），4.38（s，2H，—OH），3.78（s，2H，—CH_2），3.44（s，4H，—CH_2），2.62（t，J=6.20 Hz，4H，—CH_2）。^{13}C NMR（100 MHz，DMSO-d_6）：δ 166.40，150.64，146.54，145.71，138.58，131.17，128.56，122.74，121.89，114.11，88.87，78.77，60.91，59.30，56.90。MS（ESI^+）m/z：432.9 $[M+H]^+$。IR（KBr，cm^{-1}）：3271，2949，2829，2231，1625，1587，1541，1477，1315，1180，796。

(9) 5-(二 (2-羟乙基) 氨基) 甲基-7-(3-甲基苯氨基)-3-氰基吡唑并 [1, 5a] 嘧啶 (23i)

^{1}H NMR (400 MHz, DMSO-d_6): δ 10.26 (s, 1H, —NH), 8.71 (s, 1H, —CH), 7.36 (t, J=7.72 Hz, 1H, ArH), 7.28 (t, J=8.36 Hz, 2H, ArH), 7.13 (d, J=7.32 Hz, 1H, ArH), 6.81 (s, 1H, —CH), 4.39 (t, J=5.24 Hz, 2H, —OH), 3.76 (s, 2H, —CH_2), 3.40～3.45 (m, 4H, —CH_2), 2.61 (t, J=6.20 Hz, 4H, —CH_2), 2.36 (s, 3H, —CH_3)。^{13}C NMR (100 MHz, DMSO-d_6): δ166.08, 150.67, 146.48, 146.14, 138.93, 136.51, 129.21, 126.79, 124.60, 121.36, 114.20, 88.45, 78.55, 60.96, 59.30, 56.88, 20.87。MS (ESI$^+$) m/z: 367.9 [M+H]$^+$。IR (KBr, cm^{-1}): 3348, 2938, 2786, 2227, 1625, 1579, 1537, 1492, 1315, 1078, 798。

(10) 5-(二 (2-羟乙基) 氨基) 甲基-7-(3-乙炔基苯氨基)-3-氰基吡唑并 [1, 5a] 嘧啶 (23j)

^{1}H NMR (400 MHz, DMSO-d_6): δ 10.41 (s, 1H, —NH), 8.72 (s, 1H, —CH), 7.55 (d, J=8.68 Hz, 2H, ArH), 7.48 (t, J=7.64 Hz, 1H, ArH), 7.39 (d, J=7.60 Hz, 1H, ArH), 6.83 (s, 1H, —CH), 4.37 (t, J=5.32 Hz, 2H, —OH), 4.27 (s, 1H, —CH), 3.77 (s, 2H, —CH_2), 3.40～3.45 (m, 4H, —CH_2), 2.61 (t, J=6.20 Hz, 4H, —CH_2)。^{13}C NMR (100 MHz, DMSO-d_6): δ 166.24, 150.67, 146.50, 145.92, 137.24, 129.79, 129.13, 127.08, 124.61, 122.86, 114.15, 88.69, 82.65, 81.64, 78.68, 60.88, 59.28, 56.88。MS (ESI$^+$) m/z: 377.13 [M+H]$^+$。IR (KBr, cm^{-1}): 3278, 2821, 2227, 1624, 1571, 1539, 1487, 1082, 805。

(11) 5-(二 (2-羟乙基) 氨基) 甲基-7-(2-氯苯氨基)-3-氰基吡唑并 [1, 5a] 嘧啶 (23k)

^{1}H NMR (400 MHz, DMSO-d_6): δ 10.35 (s, 1H, —NH), 8.74 (s, 1H, —CH), 7.68 (d, J=7.40 Hz, 1H, ArH), 7.57 (d, J=7.72 Hz, 1H, ArH), 7.44～7.53 (m, 2H, ArH), 6.23 (s, 1H, —CH), 4.33 (s, 2H, —OH),

3.74 (s, 2H, —CH_2), 3.37 (s, 4H, —CH_2), 2.57 (t, J=6.32 Hz, 4H, —CH_2)。^{13}C NMR (100 MHz, DMSO-d_6): δ 166.04, 150.49, 146.79, 146.48, 133.46, 130.99, 130.38, 129.41, 129.33, 128.47, 114.13, 88.66, 78.60, 60.75, 59.21, 56.78。MS (ESI$^+$) m/z: 388.9 [M+H]$^+$。IR (KBr, cm^{-1}): 3307, 2808, 2229, 1624, 15997, 1564, 1539, 1471, 1080, 763。

(12) 5-(二 (2-羟乙基) 氨基) 甲基-7-(2-溴苯氨基)-3-氰基吡唑并 [1, 5a] 嘧啶 (23l)

^{1}H NMR (400 MHz, DMSO-d_6): δ 10.34 (s, 1H, —NH), 8.74 (s, 1H, —CH), 7.84 (d, J=7.92 Hz, 1H, ArH), 7.52~7.59 (m, 2H, ArH), 7.39 (t, J=8.24 Hz, 1H, ArH), 6.19 (s, 1H, —CH), 4.32 (s, 2H, —OH), 3.74 (s, 2H, —CH_2), 3.34~3.38 (m, 4H, —CH_2), 2.57 (t, J=6.32 Hz, 4H, —CH_2)。^{13}C NMR (100 MHz, DMSO-d_6): δ 165.91, 150.48, 146.79, 146.51, 134.88, 129.68, 129.59, 129.11, 121.81, 114.12, 88.71, 78.61, 60.71, 59.19, 56.76。MS (ESI$^+$) m/z: 432.9 [M+H]$^+$。IR (KBr, cm^{-1}): 3300, 2808, 2229, 1622, 1593, 1537, 1471, 1313, 1078, 763。

(13) 5-(二 (2-羟乙基) 氨基) 甲基-7-(2-甲基苯氨基)-3-氰基吡唑并 [1, 5a] 嘧啶 (23m)

^{1}H NMR (400 MHz, $CDCl_3$): δ 8.28 (s, 1H, —NH), 7.93 (s, 1H, —CH), 7.33~7.39 (m, 4H, ArH), 6.24 (s, 1H, —CH), 3.83 (s, 2H, —CH_2), 3.60 (t, J=5.00 Hz, 4H, —CH_2), 2.82 (t, J=4.96 Hz, 4H, —CH_2), 2.33 (s, 3H, —CH_3)。^{13}C NMR (100 MHz, DMSO-d_6): δ 165.58, 150.40, 146.56, 146.24, 134.23, 133.41, 128.29, 127.52, 125.92, 113.15, 87.97, 81.29, 60.26, 59.79, 57.46, 17.64。MS (ESI$^+$) m/z: 367.0 [M+H]$^+$。IR (KBr, cm^{-1}): 3292, 2873, 2229, 1622, 1575, 1537, 1479, 1309, 1078, 754。

(14) 5-(二 (2-羟乙基) 氨基) 甲基-7-(3, 5-二氟苯氨基)-3-氰基吡唑并 [1, 5a] 嘧啶 (23n)

^{1}H NMR (400 MHz, DMSO-d_6): δ 10.58 (s, 1H, —NH), 8.75 (s,

1H，—CH)，7.25（d，J=8.52 Hz，2H，ArH)，7.13（t，J=9.32 Hz，1H，ArH)，7.06（s，1H，—CH)，4.41（s，2H，—OH)，3.81（s，2H，$—CH_2$)，3.45（s，4H，$—CH_2$)，2.64（t，J=6.12 Hz，4H，$—CH_2$)。^{13}C NMR（100 MHz，DMSO-d_6)：δ 166.67，163.78，161.49，150.56，146.52，146.52，145.11，139.88，113.97，106.67，106.39，100.77，88.73，79.01，60.84，59.22，56.94。MS（ESI^+）m/z：389.2［M＋H］$^+$。IR（KBr，cm^{-1})：3350，2850，2231，1614，1583，1537，1473，1313，1145，727。

（15）5-(二（2-羟乙基）氨基）甲基-7-(3，5-二甲基苯氨基)-3-氰基吡唑并［1，5a］嘧啶（23o）

^{1}H NMR（400 MHz，DMSO-d_6)：δ 10.24（s，1H，—NH)，8.69（s，1H，—CH)，7.03（s，2H，ArH)，6.95（s，1H，ArH)，6.79（s，1H，—CH)，4.38（s，J=5.32 Hz，2H，—OH)，3.75（s，2H，$—CH_2$)，3.40～3.45（m，4H，$—CH_2$)，2.61（t，J=6.28 Hz，4H，$—CH_2$)，2.31（s，6H，$—CH_3$)。^{13}C NMR（100 MHz，DMSO-d_6)：δ 165.96，150.72，146.41，146.21，138.66，136.65，127.52，121.77，114.25，88.48，78.44，61.02，59.39，56.92，20.79。MS（ESI^+）m/z：381.7［M＋H］$^+$。IR（KBr，cm^{-1})：3481，2945，2222，1624，1578，1531，1417，1319，1043，688。

（16）5-(二（2-羟乙基）氨基）甲基-7-(3，5-二甲氧基苯氨基)-3-氰基吡唑并［1，5a］嘧啶（23p）

^{1}H NMR（400 MHz，DMSO-d_6)：δ 10.29（s，1H，—NH)，8.72（s，1H，—CH)，6.90（s，1H，ArH)，6.68（s，2H，ArH)，6.43（s，1H，—CH)，4.37（s，J=5.00 Hz，2H，—OH)，3.77（s，8H，$—CH_2$和$—CH_3$)，3.40～3.45（m，4H，$—CH_2$)，2.63（t，J=6.16 Hz，4H，$—CH_2$)。^{13}C NMR（100 MHz，DMSO-d_6)：δ 166.09，160.89，150.59，146.46，145.84，138.41，114.16，102.05，98.23，89.25，78.69，60.85，59.29，57.00，55.33。MS（ESI^+）m/z：413.5［M＋H］$^+$。IR（KBr，cm^{-1})：3356，2939，2224，1614，1575，1535，1458，1311，1155，680。

(17) 5-(二 (2-羟乙基) 氨基) 甲基-7-(4-氟-3-三氟甲基苯氨基)-3-氰基吡唑并 [1，5a] 嘧啶 (23q)

^{1}H NMR (400 MHz，DMSO-d_6)：δ 8.02 (s，1H，—CH)，7.29 (t，J=9.08Hz，1H，ArH)，7.13～7.17 (m，1H，ArH)，7.08～7.10 (m，1H，ArH)，5.84 (s，1H，—CH)，4.39 (s，2H，—OH)，3.41 (m，6H，—CH_2)，2.56 (t，J = 6.40 Hz，4H，—CH_2)。^{13}C NMR (100 MHz，DMSO-d_6)：δ160.11，153.37，149.78，148.86，143.61，127.87，121.54，119.76，117.43，117.23，116.30，87.54，74.75，60.47，59.26，56.92。MS (ESI$^+$) m/z：439.1 [M+H]$^+$。IR (KBr，cm^{-1})：3343，2903，2222，1626，1580，1518，1313，1076，748。

(18) 5-(二 (2-羟乙基) 氨基) 甲基-7-(4-氟-3-氯苯氨基)-3-氰基吡唑并 [1，5a] 嘧啶 (23r)

^{1}H NMR (400 MHz，DMSO-d_6)：δ 8.04 (s，1H，—CH)，7.22 (t，J=9.00Hz，1H，ArH)，6.96～6.99 (m，1H，ArH)，6.83～6.86 (m，1H，ArH)，5.87 (s，1H，—CH)，4.40 (t，J = 5.24 Hz，2H，—OH)，3.37～3.42 (m，6H，—CH_2)，2.57 (t，J = 6.44 Hz，4H，—CH_2)。^{13}C NMR (100 MHz，DMSO-d_6)：δ160.08，153.30，150.54，149.41，148.99，143.61，123.33，122.25，118.97，116.78，116.28，88.81，74.77，60.49，59.29，56.95。MS (ESI$^+$) m/z：405.0 [M+H]$^+$。IR (KBr，cm^{-1})：3446，2879，2210，1608，1552，1483，1444，1190，704。

(19) 5-(二 (2-羟乙基) 氨基) 甲基-7-(4-氟-3-三甲基苯氨基)-3-氰基吡唑并 [1，5a] 嘧啶 (23s)

^{1}H NMR (400 MHz，DMSO-d_6)：δ 10.25 (s，1H，—NH)，8.69 (s，1H，—CH)，7.37 (d，J = 6.84Hz，1H，ArH)，7.21～7.31 (m，2H，ArH)，6.72 (s，1H，—CH)，4.38 (t，J=5.20 Hz，2H，—OH)，3.74 (s，2H，—CH_2)，3.39～3.44 (m，4H，—CH_2)，2.60 (t，J = 6.20 Hz，4H，—CH_2)，2.27 (s，3H，—CH_3)。^{13}C NMR (100 MHz，DMSO-d_6)：δ166.06，159.73，157.32，150.66，146.45，132.68，127.65，125.31，

123.95，115.60，114.23，88.26，78.45，60.92，59.25，56.82，14.09。MS (ESI^+) m/z：385.8 $[M+H]^+$。IR (KBr，cm^{-1})：3383，2924，2226，1624，1577，1535，1498，1313，1076。

化合物 24a～24s 合成通法：将 23a～23s 加入到二氯甲烷中，然后加入 2 倍物质的量的氯化亚砜，室温搅拌过夜，TLC 检测反应，反应完全后加入两倍体积的二氯甲烷稀释，加入蒸馏水萃取。合并有机相，用无水硫酸镁干燥，旋干溶剂后得到固体。用乙酸乙酯和石油醚柱层析得到最终产物。

(1) 5-(二 (2-氯乙基) 氨基) 甲基-7-(4-氟苯氨基)-3-氰基吡唑并 [1, 5a] 嘧啶 (24a)

^1H NMR (400 MHz，$CDCl_3$)：δ 8.28 (s，1H，—CH)，8.04 (s，1H，—NH)，7.40 (d，J = 8.96 Hz，2H，ArH)，7.20 (d，J = 8.20 Hz，2H，ArH)，6.98 (s，1H，—CH)，3.89 (s，2H，—CH_2)，3.51 (t，J = 6.32 Hz，4H，—CH_2CH_2Cl)，2.98 (t，J = 6.28 Hz，4H，—CH_2CH_2Cl)。MS (ESI^+) m/z：407.1 $[M+H]^+$。IR (KBr，cm^{-1})：3354，3097，2819，2224，1620，1579，1571，1512，1319，1155，759。

(2) 5-(二 (2-氯乙基) 氨基) 甲基-7-(溴-氟苯氨基)-3-氰基吡唑并 [1, 5a] 嘧啶 (24b)

^1H NMR (400 MHz，$CDCl_3$)：δ 8.29 (s，1H，—CH)，8.09 (s，1H，—NH)，7.46 (d，J = 8.76 Hz，2H，ArH)，7.36 (d，J = 8.68 Hz，2H，ArH)，7.10 (s，1H，—CH)，3.91 (s，2H，—CH_2)，3.54 (t，J = 6.28 Hz，4H，—CH_2CH_2Cl)，3.00 (t，J = 6.28 Hz，4H，—CH_2CH_2Cl)。MS (ESI^+) m/z：424.6 $[M+H]^+$。IR (KBr，cm^{-1})：3342，2837，2226，1623，1593，1562，1483，1315，1097，805。

(3) 5-(二 (2-氯乙基) 氨基) 甲基-7-(溴-氟苯氨基)-3-氰基吡唑并 [1, 5a] 嘧啶 (24c)

^1H NMR (400 MHz，$CDCl_3$)：δ 8.28 (s，1H，—CH)，8.10 (s，1H，—NH)，7.61 (d，J = 8.72 Hz，2H，ArH)，7.30 (d，J = 8.72 Hz，2H，ArH)，7.11 (s，1H，—CH)，3.91 (s，2H，—CH_2)，3.54 (t，J = 6.28

Hz，4H，—CH_2CH_2Cl)，3.00 (t，$J=6.24$ Hz，4H，—CH_2CH_2Cl)。^{13}C NMR (100 MHz，$CDCl_3$)：δ 165.85，150.28，146.46，145.32，134.56，133.11，125.35，120.23，113.30，88.32，81.39，60.96，56.62，42.14。MS (ESI^+) m/z：468.9 $[M+H]^+$。IR (KBr，cm^{-1})：3363，2926，2222，1627，1562，1531，1481，1319，1126，821。

(4) 5-(二 (2-氯乙基) 氨基) 甲基-7-(4-三氟甲基苯氨基)-3-氰基吡唑并 [1，5a] 嘧啶 (24d)

^{1}H NMR (400 MHz，$CDCl_3$)：δ 8.31 (s，2H，—CH 和 —NH)，7.75 (d，$J=8.48$ Hz，2H，ArH)，7.55 (d，$J=8.44$ Hz，2H，ArH)，7.31 (s，1H，—CH)，3.94 (s，2H，—CH_2)，3.56 (t，$J=6.16$ Hz，4H，—CH_2CH_2Cl)，3.02 (t，$J=6.12$ Hz，4H，—CH_2CH_2Cl)。^{13}C NMR (100 MHz，$CDCl_3$)：δ166.11，150.28，146.47，138.99，128.63，127.24，127.13，125.05，122.86，113.22，88.81，81.55，60.97，56.64，42.20。MS (ESI^+) m/z：457.1 $[M+H]^+$。IR (KBr，cm^{-1})：3340，2827，2224，1602，1569，1537，1323，1168，750。

(5) 5-(二 (2-氯乙基) 氨基) 甲基-7-(4-乙氧羰基苯氨基)-3-氰基吡唑并 [1，5a] 嘧啶 (24e)

^{1}H NMR (400 MHz，$CDCl_3$)：δ 8.32 (s，1H，—CH)，8.30 (s，1H，—NH)，8.16 (d，$J=8.48$ Hz，2H，ArH)，7.48 (d，$J=8.48$ Hz，2H，ArH)，7.33 (s，1H，—CH)，4.41 (q，$J=7.08$ Hz，2H，—CH_2)，3.94 (s，2H，—CH_2)，3.56 (t，$J=6.20$ Hz，4H，—CH_2CH_2Cl)，3.03 (t，$J=6.20$ Hz，4H，—CH_2CH_2Cl)，1.43 (t，$J=7.12$ Hz，2H，—CH_3)。^{13}C NMR (100 MHz，$CDCl_3$)：δ 164.99，164.58，149.26，145.43，143.52，138.79，130.47，127.29，120.87，112.22，87.95，80.61，60.26，59.97，55.66，41.15，13.33。MS (ESI^+) m/z：461.1 $[M+H]^+$。IR (KBr，cm^{-1})：3277，2927，2225，1697，1592，1537，1519，1266，1170，767。

(6) 5-(二 (2-氯乙基) 氨基) 甲基-7-(3-氟苯氨基)-3-氰基吡唑并 [1，5a] 嘧啶 (24f)

^{1}H NMR (400 MHz，$CDCl_3$)：δ 8.29 (s，1H，—CH)，8.17 (s，1H，

—NH), 8.45 (q, J=7.84 Hz, 1H, ArH), 7.15~7.22 (m, 3H, ArH), 7.05 (s, 1H, —CH), 3.92 (s, 2H, —CH_2), 3.54 (t, J=6.16 Hz, 4H, —CH_2CH_2Cl), 3.01 (t, J=6.12 Hz, 4H, —CH_2CH_2Cl)。^{13}C NMR (100 MHz, $CDCl_3$): δ 165.93, 164.50, 162.03, 150.30, 146.44, 145.25, 137.12, 131.23, 119.17, 113.95, 110.84, 88.59, 81.26, 60.88, 56.57, 42.11。MS (ESI^+) m/z: 407.1 $[M+H]^+$。IR (KBr, cm^{-1}): 3325, 2814, 2224, 1629, 1577, 1496, 1313, 1149, 758。

(7) 5-(二 (2-氯乙基) 氨基) 甲基-7-(3-氯苯氨基)-3-氰基吡唑并 [1, 5a] 嘧啶 (24g)

^1H NMR (400 MHz, $CDCl_3$): δ 8.31 (s, 1H, —CH), 8.13 (s, 1H, —NH), 7.41~7.44 (m, 2H, ArH), 7.30~7.33 (m, 2H, ArH), 7.18 (s, 1H, —CH), 3.91 (s, 2H, —CH_2), 3.54 (t, J=6.24 Hz, 4H, —CH_2CH_2Cl), 3.01 (t, J=6.24 Hz, 4H, —CH_2CH_2Cl)。MS (ESI^+) m/z: 423.0 $[M+H]^+$。IR (KBr, cm^{-1}): 3284, 2933, 2227, 1624, 1570, 1560, 1475, 1311, 883。

(8) 5-(二 (2-氯乙基) 氨基) 甲基-7-(3-溴苯氨基)-3-氰基吡唑并 [1, 5a] 嘧啶 (24h)

^1H NMR (400 MHz, $CDCl_3$): δ 8.29 (s, 1H, —CH), 8.13 (s, 1H, —NH), 7.59 (s, 1H, ArH), 7.46~7.49 (m, 1H, ArH), 7.37 (s, 2H, ArH), 7.18 (s, 1H, —CH), 3.91 (s, 2H, —CH_2), 3.54 (t, J=6.24 Hz, 4H, —CH_2CH_2Cl), 3.01 (t, J=6.24 Hz, 4H, —CH_2CH_2Cl)。^{13}C NMR (100 MHz, $CDCl_3$): δ 165.98, 150.27, 146.48, 145.21, 136.84, 131.22, 130.03, 126.57, 123.41, 122.21, 113.33, 88.47, 81.38, 60.95, 56.65, 42.16。MS (ESI^+) m/z: 468.9 $[M+H]^+$。IR (KBr, cm^{-1}): 3294, 2812, 2218, 1606, 1535, 1477, 1427, 1307, 1174, 779。

(9) 5-(二 (2-氯乙基) 氨基) 甲基-7-(3-甲基苯氨基)-3-氰基吡唑并 [1, 5a] 嘧啶 (24i)

^1H NMR (400 MHz, $CDCl_3$): δ 8.28 (s, 1H, —CH), 8.12 (s, 1H,

—NH)，7.37（t，J=7.76 Hz，1H，ArH），7.15～7.26（m，3H，ArH），7.09（s，1H，—CH），3.89（s，2H，—CH_2），3.53（t，J=6.36 Hz，4H，—CH_2CH_2Cl），3.01（t，J=6.28 Hz，4H，—CH_2CH_2Cl），2.42（s，3H，—CH_3）. MS（ESI^+）m/z：403.1 $[M+H]^+$。IR（KBr，cm^{-1}）：3313，2802，2222，1624，1577，1533，1480，1323，1122，750。

（10）5-(二（2-氯乙基）氨基）甲基-7-(3-乙炔基苯氨基)-3-氰基吡唑并［1，5a］嘧啶（24j）

^1H NMR（400 MHz，$CDCl_3$）：δ 8.21（s，1H，—CH），8.06（s，1H，—NH），7.47（s，1H，ArH），7.31～7.39（m，3H，ArH），7.06（s，1H，—CH），3.84（s，2H，—CH_2），3.46（t，J=6.32 Hz，4H，—CH_2CH_2Cl），3.09（s，1H，—CH），2.93（t，J=6.36 Hz，4H，—CH_2CH_2Cl）。^{13}C NMR（100 MHz，$CDCl_3$）：δ 165.78，150.30，146.48，145.46，135.59，130.60，130.05，127.05，124.11，113.34，88.42，82.15，81.33，78.91，60.81，56.61，41.93。MS（ESI^+）m/z：413.1 $[M+H]^+$。IR（KBr，cm^{-1}）：3285，2933，2222，1624，1589，1572，1535，1122。

（11）5-(二（2-氯乙基）氨基）甲基-7-(2-氯苯氨基)-3-氰基吡唑并［1，5a］嘧啶（24k）

^1H NMR（400 MHz，$CDCl_3$）：δ 8.31（s，1H，—CH 和 —NH），7.65（d，J=8.00 Hz，1H，ArH），7.56（d，J=8.00 Hz，1H，ArH），7.41（t，J=7.52 Hz，1H，ArH），7.29（t，J=7.92 Hz，1H，ArH），7.11（s，1H，—CH），3.92（s，2H，—CH_2），3.53（t，J=6.24 Hz，4H，—CH_2CH_2Cl），3.01（t，J=6.24 Hz，4H，—CH_2CH_2Cl）。^{13}C NMR（100 MHz，$CDCl_3$）：δ 165.88，150.30，146.55，145.04，132.77，130.61，128.46，128.10，127.80，124.70，113.34，88.62，81.37，60.91，56.58，42.15。MS（ESI^+）m/z：423.0 $[M+H]^+$。IR（KBr，cm^{-1}）：3298，2845，2228，1625，1555，1543，1328，1128，748。

（12）5-(二（2-氯乙基）氨基）甲基-7-(2-溴苯氨基)-3-氰基吡唑并［1，5a］嘧啶（24l）

^1H NMR（400 MHz，$CDCl_3$）：δ 8.32（s，1H，—CH），8.30（s，1H，

—NH)，7.74 (d，J=7.16 Hz，1H，ArH)，7.66 (d，J=7.28 Hz，1H，ArH)，7.45 (t，J=7.88 Hz，1H，ArH)，7.23 (t，J=7.48 Hz，1H，ArH)，7.09 (s，1H，—CH)，3.91 (s，2H，—CH_2)，3.53 (t，J=6.24 Hz，4H，—CH_2CH_2Cl)，3.00 (t，J=6.28 Hz，4H，—CH_2CH_2Cl)。MS (ESI^+) m/z：468.9 $[M+H]^+$。IR (KBr，cm^{-1})：3280，2976，2225，1626，1598，1543，1452，1128，746。

(13) 5-(二 (2-氯乙基) 氨基) 甲基-7-(2-甲基苯氨基)-3-氰基吡唑并 [1, 5a] 嘧啶 (24m)

^1H NMR (400 MHz，$CDCl_3$)：δ 8.29 (s，1H，—CH)，7.89 (s，1H，—NH)，7.32 (m，4H，ArH)，6.69 (s，1H，—CH)，3.87 (s，2H，—CH_2)，3.47 (t，J=6.40 Hz，4H，—CH_2CH_2Cl)，2.96 (t，J=6.40 Hz，4H，—CH_2CH_2Cl)，2.33 (s，2H，—CH_3)。^{13}C NMR (100 MHz，$CDCl_3$)：δ 165.51，150.40，146.53，146.41，134.16，131.64，128.18，127.45，126.04，113.52，88.23，80.97，60.78，56.52，41.94，17.66。MS (ESI^+) m/z：403.1 $[M+H]^+$。IR (KBr，cm^{-1})：3292，2816，2224，1622，1577，1533，1312，750。

(14) 5-(二 (2-氯乙基) 氨基) 甲基-7-(3, 5-二氟苯氨基)-3-氰基吡唑并 [1, 5a] 嘧啶 (24n)

^1H NMR (400 MHz，$CDCl_3$)：δ 8.29 (s，1H，—CH)，8.19 (s，1H，—NH)，7.32 (s，1H，CH)，6.99 (d，2H，J=5.72 Hz，ArH)，6.78 (t，J=8.68 Hz，1H，—ArH)，3.94 (s，2H，—CH_2)，3.56 (t，J=6.12 Hz，4H，—CH_2CH_2Cl)，3.03 (t，J=6.12 Hz，4H，—CH_2CH_2Cl)。^{13}C NMR (100 MHz，$CDCl_3$)：δ 166.20，165.00，161.92，150.19，146.48，144.52，137.88，113.10，106.46，106.18，88.90，81.75，60.97，56.67，42.10。MS (ESI^+) m/z：425.1 $[M+H]^+$。IR (KBr，cm^{-1})：3327，2816，2229，1614，1573，1545，1481，1307，1118，839。

(15) 5-(二 (2-氯乙基) 氨基) 甲基-7-(3, 5-二甲基苯氨基)-3-氰基吡唑并 [1, 5a] 嘧啶 (24o)

^1H NMR (400 MHz，$CDCl_3$)：δ 8.27 (s，1H，—CH)，8.06 (s，1H，

—NH)，7.09（s，1H，ArH)，7.10（s，2H，ArH)，6.97（s，1H，—CH)，3.89（s，2H，$—CH_2$)，3.53（t，J=6.24 Hz，4H，$—CH_2CH_2Cl$)，2.99（t，J=6.24 Hz，4H，$—CH_2CH_2Cl$)，2.37（s，6H，$—CH_3$)。^{13}C NMR（100 MHz，$CDCl_3$)：δ 164.42，149.34，145.34，144.78，138.89，134.22，127.71，120.25，112.53，87.44，79.99，59.89，55.66，41.10，20.28。MS（ESI^+）m/z：417.1 $[M+H]^+$。IR（KBr，cm^{-1})：3346，2918，2222，1624，1581，1537，1118，835。

（16）5-(二（2-氯乙基）氨基）甲基-7-(3，5-二甲氧基苯氨基)-3-氰基吡唑并［1，5a］嘧啶（24p）

^{1}H NMR（400 MHz，$CDCl_3$)：δ 8.21（s，1H，—CH)，7.99（s，1H，—NH)，7.04（s，1H，ArH)，6.45（s，2H，ArH)，6.36（s，1H，—CH)，3.83（s，2H，$—CH_2$)，3.76（s，6H，$—OCH_3$)，3.46（t，J=6.32 Hz，4H，$—CH_2CH_2Cl$)，2.94（t，J=6.32 Hz，4H，$—CH_2CH_2Cl$)。^{13}C NMR（100 MHz，$CDCl_3$)：δ 164.94，150.50，146.56，146.40，146.21，145.51，128.45，126.73，126.46，126.19，125.15，113.72，112.86，88.20，80.83，64.35，54.47，53.52，42.14，40.33，33.46。MS（ESI^+）m/z：449.1 $[M+H]^+$。IR（KBr，cm^{-1})：3323，2927，2222，1627，1575，1537，1458，1311，1149，752。

（17）5-(二（2-氯乙基）氨基）甲基-7-(4-氟-3-三氟甲基苯氨基)-3-氰基吡唑并［1，5a］嘧啶（24q）

^{1}H NMR（400 MHz，$CDCl_3$)：δ 8.29（s，1H，—CH)，8.09（s，1H，—NH)，7.63～7.66（m，2H，ArH)，7.35（t，J=8.84 Hz，1H，ArH)，7.07（s，1H，—CH)，3.91（s，2H，$—CH_2$)，3.52（t，J=6.08 Hz，4H，$—CH_2CH_2Cl$)，2.99（t，J=6.08 Hz，4H，$—CH_2CH_2Cl$)。^{13}C NMR（100 MHz，$CDCl_3$)：δ 166.12，150.24，146.58，145.65，131.68，130.06，129.98，123.53，118.90，113.17，88.19，81.55，61.00，56.72，42.18。MS（ESI^+）m/z：475.0 $[M+H]^+$。IR（KBr，cm^{-1})：3356，2816，2226，1620，1573，1510，1489，1323，1141。

(18) 5-(二 (2-氯乙基) 氨基) 甲基-7-(4-氟-3-氯苯氨基)-3-氰基吡唑并[1, 5a] 嘧啶 (24r)

^{1}H NMR (400 MHz, $CDCl_3$): δ 8.29 (s, 1H, —CH), 8.03 (s, 1H, —NH), 7.51 (d, J=6.12 Hz, 1H, ArH), 7.29～7.33 (m, 2H, ArH), 7.09 (s, 1H, —CH), 3.91 (s, 2H, —CH_2), 3.53 (t, J=6.16 Hz, 4H, —CH_2CH_2Cl), 2.99 (t, J=6.16 Hz, 4H, —CH_2CH_2Cl)。^{13}C NMR (100 MHz, $CDCl_3$): δ 165.06, 157.03, 154.54, 149.25, 144.66, 125.70, 123.28, 121.36, 116.90, 112.33, 87.26, 80.30, 59.96, 55.64, 41.21。MS (ESI^+) m/z: 443.0 $[M+H]^+$。IR (KBr, cm^{-1}): 3346, 2933, 2224, 1625, 1568, 1506, 1489, 1213, 1126, 750。

(19) 5-(二 (2-氯乙基) 氨基) 甲基-7-(4-氟-3-三甲基苯氨基)-3-氰基吡唑并 [1, 5a] 嘧啶 (24s)

^{1}H NMR (400 MHz, $CDCl_3$): δ 8.21 (s, 1H, —CH), 7.92 (s, 1H, —NH), 7.16 (s, 1H, ArH), 7.11 (t, J=8.52 Hz, 1H, ArH), 7.04 (t, J=8.76 Hz, 1H, ArH), 6.92 (s, 1H, —CH), 3.81 (s, 2H, —CH_2), 3.45 (t, J = 6.28 Hz, 4H, —CH_2CH_2Cl), 2.91 (t, J = 6.28 Hz, 4H, —CH_2CH_2Cl), 2.26 (s, 3H, —CH_3)。^{13}C NMR (100 MHz, $CDCl_3$): δ164.68, 160.13, 157.68, 149.31, 145.45, 129.81, 126.65, 125.91, 122.53, 115.27, 112.47, 87.13, 80.05, 59.93, 55.63, 41.13, 13.67。MS (ESI^+) m/z: 421.1 $[M+H]^+$。IR (KBr, cm^{-1}): 3315, 2825, 2222, 1618, 1579, 1535, 1487, 1217, 1180, 813。

5.3 以吡唑并 [1, 5a] 嘧啶为载体的铂配合物的合成

5.3.1 铂 (Ⅱ) 配合物 [PtL1′Ⅰ] 的合成

铂 (Ⅱ) 配合物 [PtL1′Ⅰ] 的合成路线如下。

5-甲基-7-(2-氨基乙氨基)-3-氰基吡唑并［1，5a］嘧啶（25）的合成按照本实验室丁瑞的论文完成。

铂（Ⅱ）配合物［PtL1′Ⅰ］的合成（26）：

在 25mL 茄形瓶中加入化合物 25（21.6 mg，0.1 mmol）和 2 mL 丙酮，然后加热使其溶解。将 K_2PtCl_4（41.6 mg，0.1 mmol）溶于 1 mL 水，加入 KI（132.8 mg，0.8 mmol）室温搅拌 20 min，之后滴加到上述丙酮溶液中。40℃条件下反应 0.5 h，TLC 检测反应完全，将反应体系冷却至室温，析出固体，抽滤，所得固体用甲醇重结晶得到亮黄色目标产物 26（产率：52.8%）。缓慢挥发甲醇溶液得到目标化合物的晶体结构。

5.3.2 铂（Ⅱ）配合物［PtL2′X2］的合成

铂（Ⅱ）配合物［PtL2′X_2］的合成路线如下。

（1）2-(3-氰基-5-甲基吡唑并［1，5-a］嘧啶-7-氨基）丙二酸二乙酯的合成（27）

将化合物 5-甲基-7-氯-3-氰基吡唑并［1，5a］嘧啶（5a，5 mmol，0.96 g）和化合物氨基丙二酸二乙酯（7.5 mmol，1.31 g）加入到乙醇（30 mL）中回流 3 h，TLC 检测结果表明反应完全，停止反应，将反应体系降至室温，抽滤得到淡黄色固体，用乙醇重结晶得到淡黄色产品 27（产率：92.6%）。^{1}H NMR（400 MHz，$CDCl_3$）：δ 8.24（s，1H，—CH），7.34（d，J=6.72 Hz，1H，NH），5.98（s，1H，—CH），4.89（d，J=7 Hz，1H，—CH），4.36（q，J=7.08 Hz，4H，—CH_2），2.58（s，1H，—CH_3），1.34（t，J=7.12 Hz，6H，—CH_3）。^{13}C NMR（100 MHz，$CDCl_3$）：δ 164.82，163.82，150.36，146.45，145.16，113.55，88.77，80.97，63.49，58.32，25.28，13.97。MS（ESI^+）m/z：332.2［M+H］$^+$。IR（KBr，cm^{-1}）：3364，2980，2222，1758，1589，1458，1309，750。

（2）2-(3-氰基-5-甲基吡唑并［1，5-a］嘧啶-7-氨基）丙二酸的合成（28）

将化合物 27（3 mmol，0.99 g）加入到乙醇（5 mL）中，滴加 NaOH

(12 mmol，0.48 g) 的水溶液，室温搅拌反应 30min 后 TLC 检测反应完全。冰浴条件下用 0.1 mol/L 的盐酸调 pH 值至中性析出白色固体，抽滤，固体用乙醇和水淋洗得到产物 28（产率：83.1%）。^{1}H NMR (400 MHz，D_2O)：δ 8.27 (s，1H，—CH)，5.93 (s，1H，—CH)，4.46 (s，1H，—CH)，2.38 (s，3H，—CH_3)。^{13}C NMR (100 MHz，D_2O)：δ 172.58，164.35，150.24，147.00，145.97，114.72，89.72，77.80，62.98，23.49。MS (ESI^+) m/z：186.1 [M − CO_2]$^+$。IR（KBr，cm^{-1}）：3363，2223，1635，1423，1314，746。

(3) 铂（Ⅱ）配合物 [PtL2′ (NH_3)$_2$] 的合成 (29a)

[X_2Pt (H_2O)$_2$] (NO_3)$_2$参照文献方法合成[108]。

将化合物 28 (0.5 mmol，138 mg) 和 NaOH (1 mmol，40 mg) 的水溶液滴加到 [(NH_3)$_2$Pt (H_2O)$_2$] (NO_3)$_2$ (0.5 mmol) 的水溶液中，室温搅拌反应 30 min，析出白色固体。将固体抽滤后用水洗得到目标产物 29a（产率：57.9%）。^{1}H NMR (400 MHz，DMSO)：δ 8.60 (s，1H，—CH)，5.97 (s，1H，—NH)，5.55 (s，1H，—CH)，4.40 (s，7H，—CH 和 —NH_3)，2.44 (s，3H，—CH_3)。MS (ESI^+) m/z：503.7 [M＋H]$^+$。IR (KBr，cm^{-1})：3282，2224，1688，1630，1586，1393，1306，751。

(4) 铂（Ⅱ）配合物 [PtL2′ ($NH_2CH_2CH_2NH_2$)] 的合成 (29b)

合成方法同 29a（产率：61.2%）。^{1}H NMR (400 MHz，D_2O)：δ 8.28 (s，1H，—CH)，6.00 (s，1H，—CH)，3.97 (s，1H，—CH)，2.68 (d，2H，J =6.48 Hz，—CH_2)，2.62 (d，2H，J =6.84 Hz，—CH_2)，2.25 (s，3H，—CH_3)。MS (ESI^+) m/z：484.9 [M－CO_2]$^+$。IR (KBr，cm^{-1})：3421，3095，2227，1614，1556，1384，742。

(5) 铂（Ⅱ）配合物 [PtL2′ (NH_2 (CH_2)$_3NH_2$)] 的合成 (29c)

合成方法同 29a（产率：68.2%）。^{1}H NMR (400 MHz，DMSO)：δ 8.68 (s，1H，—CH)，7.58 (s，1H，—NH)，6.05 (s，1H，—CH)，5.58 (s，5H，—CH 和 —NH_3)，2.49 (s，9H，—CH_2和 —CH_3)。MS (ESI^+) m/z：543.6 [M＋1]$^+$。IR (KBr，cm^{-1})：3224，2222，1687，1589，1307，794。

(6) 铂（Ⅱ）配合物［PtL2′（OHCH（CH_2)$_2$（NH_2)$_2$］的合成(29d)

合成方法同29a（产率：49.6%）。^{1}H NMR (400 MHz，DMSO)：δ 8.62 (s，1H，—CH)，7.53 (s，1H，—NH)，5.96 (s，1H，—CH)，5.67 (s，2H，—NH_2)，5.54 (s，1H，—CH)，5.27 (s，2H，—NH_2)，2.37 (s，8H，—CH_2和 —CH_3)。MS (ESI^+) m/z：558.5［M+1］$^+$。IR (KBr，cm^{-1})：3223，2227，1690，1592，1388，1390，794。

5.4 代表性化合物晶体结构的测试与解析

5.4.1 代表性化合物晶体结构的测试

化合物的单晶衍射数据在 Bruker SMART APEX-Ⅱ CCD 面探衍射仪中使用石墨单色器单色化的 Mo-K α射线（λ=0.71073 Å）以变速扫描方式收集，温度为 296（2）K。数据经过半经验吸收校正，衍射数据的还原和晶体结构解析使用 SHELXTL-97 程序包完成[109]。晶体结构使用直接法由 Fourier 技术解出。表 5.1～表 5.5 分别列出了化合物包括晶体参数、数据收集及修正在内的有关实验情况。

表 5.1 化合物 7m，9a，9b 和 8i 的晶体数据和精修参数

化合物	7m	9a	9b	8i
分子式	$C_{18}H_{17}N_6Cl$	$C_{18}H_{18}N_6Cl_2$	$C_{18}H_{17}N_6Cl_3$	$C_{20}H_{22}Cl_2N_6$
Mr	352.83	389.28	423.73	417.34
晶系	单斜晶系	单斜晶系	三斜晶系	三斜晶系
空间群	P2 (1)/c	P2 (1)/c	P-1	P-1
a/Å	10.014 (2)	8.358 (1)	8.427 (3)	8.478 (3)
b/Å	14.029 (3)	13.4329 (16)	8.754 (3)	8.573 (2)
c/Å	12.205 (3)	16.237 (2)	15.384 (5)	16.266 (6)
$α$/°	90	90	78.074 (6)	97.883 (8)
$β$/°	101.978 (4)	103.346 (2)	74.564 (5)	94.805 (8)

续表

化合物	7m	9a	9b	8i
$\gamma/^{\circ}$	90	90	70.411 (5)	118.467 (5)
$V/\text{Å}^3$	1677.3 (6)	1773.7 (4)	1022.0 (6)	1014.3 (6)
Z	4	4	2	2
$Dc/g \cdot cm^{-3}$	1.397	1.458	1.377	1.366
μ/mm^{-1}	0.242	0.382	0.464	0.339
F (000)	736.0	808.0	436.0	436.0
晶体尺寸 (mm)	0.28×0.22×0.16	0.22×0.15×0.10	0.28×0.26×0.18	0.26×0.20×0.16
θ 角范围	2.08～27.48	2.58～27.56	1.38～27.64	2.57～23.67
衍射点收集/独立衍射点	3828/2959	3493/2940	4699/3088	4582/2791
基于 F^2 的 GOOF 值	1.072	1.616	1.073	1.127
R_{int}	0.0332	0.0142	0.0254	0.0318
R_1 a), wR_2 b) $[I>2\sigma(I)]$	0.0559, 0.1575	0.0957, 0.3343	0.0938, 0.2895	0.0917, 0.2874
R_1, wR_2 (all data)	0.0737, 0.1693	0.1082, 0.3620	0.1269, 0.3220	0.1361, 0.3130
精修后残余电子密度的峰、谷值/$e \cdot \text{Å}^{-3}$	0.357, −0.575	2.715, −0.820	3.086, −0.536	0.562, −0.472

a) $R_1 = \sum \| F_o | - | F_c \| / \sum | F_o |$. b) $wR_2 = \{\sum[w(F_o^2 - F_c^2)^2] / \sum[w(F_o^2)^2]\}^{1/2}$。

表 5.2 代合物 8b，8a，9i 和 9g 的晶体数据和精修参数

化合物	8b	8a	9i	9g
分子式	$C_{18}H_{17}N_6Cl_3$	$C_{18}H_{18}N_6Cl_2$	$C_{20}H_{22}N_6Cl_2$	$C_{18}H_{15}N_6Cl_2F_3$
Mr	423.73	389.28	417.34	443.26
晶系	三斜晶系	三斜晶系	三斜晶系	三斜晶系
空间群	P-1	P-1	P-1	P-1
$a/\text{Å}$	8.1553 (7)	8.450 (3)	9.3709 (13)	8.7335 (16)
$b/\text{Å}$	9.3082 (8)	9.476 (3)	9.6150 (12)	8.8807 (17)
$c/\text{Å}$	14.8823 (13)	13.132 (5)	11.9985 (15)	13.464 (3)
$\alpha/^{\circ}$	80.1600 (10)	80.399 (7)	99.763 (2)	98.889 (4)
$\beta/^{\circ}$	84.934 (2)	87.276 (8)	104.572 (2)	95.384 (4)
$\gamma/^{\circ}$	68.009 (2)	64.136 (6)	99.645 (2)	103.466 (4)
$V/\text{Å}^3$	1031.76 (15)	932.6 (5)	1005.8 (2)	994.2 (3)
Z	2	2	2	2

续表

化合物	8b	8a	9i	9g
$Dc/g \cdot cm^{-3}$	1.435	1.386	1.378	1.481
μ /mm^{-1}	0.467	0.363	0.341	0.371
F（000）	458.0	404.0	436.0	452.0
晶体尺寸（mm）	0.22×0.20×0.12	0.18×0.10×0.10	0.20×0.20×0.14	0.18×0.18×0.10
θ 角范围	2.58～27.56	1.57～21.00	1.80～27.53	1.54～27.62
衍射点收集/独立衍射点	4731/3876	1529/1893	4591/2809	4588/3052
基于 F^2 的 GOOF 值	1.616	1.190	1.050	1.152
R_{int}	0.0142	0.0173	0.0209	0.0189
R_1[a]，wR_2[b] $[I>2\sigma(I)]$	0.0957，0.3343	0.0563，0.1399	0.0591，0.1519	0.0839，0.2733
R_1，wR_2（all data）	0.1082，0.3620	0.0690，0.1476	0.0991，0.1750	0.1152，0.3175
精修后残余电子密度的峰、谷值/$e \cdot Å^{-3}$	2.715，−0.820	0.842，−0.356	0.786，−0.338	1.020，−0.630

a) $R_1=\sum \| F_o|-|F_c \| / \sum |F_o|$；b) $wR_2=\{\sum[w(F_o^2-F_c^2)^2]/\sum[w(F_o^2)^2]\}^{1/2}$。

表 5.3　化合物 8c，9h，8h 的晶体数据和精修系数

化合物	8c	9h	8h
分子式	$C_{18}H_{17}N_6Cl_3$	$C_{18}H_{17}N_6Cl_3$	$C_{18}H_{17}N_6Cl_3$
Mr	423.73	423.73	423.73
晶系	三斜晶系	三斜晶系	三斜晶系
空间群	P-1	P-1	P-1
a/Å	8.9865（12）	8.7641（19）	8.6719（9）
b/Å	11.0419（15）	9.850（2）	9.2580（10）
c/Å	11.185（3）	12.898（3）	13.6036（14）
α/°	106.294（4）	74.033	95.104（2）
β/°	97.144（4）	72.600（4）	98.231（2）
γ/°	107.696（3）	69.441（4）	115.372（2）
$V/Å^3$	987.9（3）	976.6（4）	962.75（17）
Z	2	2	2
$Dc/g \cdot cm^{-3}$	1.356	1.441	1.462
μ /mm^{-1}	0.345	0.485	0.492
F（000）	420.0	463.0	436.0
晶体尺寸（mm）	0.16×0.14×0.12	0.16×0.12×0.12	0.20×0.12×0.12

续表

化合物	8c	9h	8h
θ 角范围	2.58～27.56	1.69～27.58	1.53～27.52
衍射点收集/独立衍射点	6899/4538	6774/4478	6703/4414
基于 F^2 的 GOOF 值	1.069	1.036	1.043
R_{int}	0.0197	0.0155	0.01049
R_1[a)]，wR_2[b)] [$I>2\sigma(I)$]	0.0689，0.1895	0.0473，0.1372	0.0475，0.1361
R_1，wR_2 (all data)	0.1027，0.2182	0.0604，0.1486	0.0572，0.1450
精修后残余电子密度的峰、谷值/e・Å^{-3}	0.932，−0.513	0.500，−0.369	0.875，−0.396

a) $R_1=\sum\|F_o|-|F_c\|/\sum|F_o|$；b) $wR_2=\{\sum[w(F_o^2-F_c^2)^2]/\sum[w(F_o^2)^2]\}^{1/2}$。

表 5.4 化合物 11a，15a，15b 和 19a 的晶体数据和精修参数

化合物	11a	15a	15b	19a
分子式	$C_{23}H_{25}N_6Cl_2$	$C_{24}H_{32}N_9Cl_2$	$C_{25}H_{32}N_8Cl_2$	$C_{28}H_{35}Cl_2N_8$
Mr	456.39	517.49	515.49	555.24
晶系	单斜晶系	三斜晶系	三斜晶系	三斜晶系
空间群	P2 (1) /c	P-1	P-1	P-1
a/Å	9.678 (5)	9.558 (2)	10.90 (4)	9.451 (6)
b/Å	10.470 (6)	10.740 (2)	11.09 (4)	11.231 (7)
c/Å	22.949 (12)	14.549 (3)	12.81 (4)	15.618 (10)
α/°	90	76.735 (3)	89.82 (5)	101.386 (11)
β/°	94.098 (10)	74.612 (4)	69.20 (6)	95.214 (12)
γ/°	90	66.880 (3)	74.61 (5)	91.813 (11)
V/Å^3	2319 (2)	1311.1 (5)	1388 (8)	1616.5 (18)
Z	4	2	2	2
Dc/g・cm^{-3}	1.307	1.311	1.234	1.240
μ /mm^{-1}	0.302	0.279	0.262	0.235
F (000)	956.0	546.0	544.0	636.0
晶体尺寸 (mm)	0.28×0.24×0.22	0.22×0.22×0.12	0.22×0.20×0.16	0.24×0.20×0.16
θ 角范围	1.78～27.46	2.08～27.52	1.91～27.62	1.34～27.91
衍射点收集/独立衍射点	15536/5276	8719/5900	9185/6153	4582/2791
基于 F^2 的 GOOF 值	1.064	1.871	0.962	2.082
R_{int}	0.0414	0.0222	0.0601	0.032
R_1[a)]，wR_2[b)] [$I>2\sigma(I)$]	0.0883，0.2648	0.1492，0.4023	0.1009，0.2845	0.1797，0.5022
R_1，wR_2 (all data)	0.1272，0.3028	0.1910，0.4792	0.2146，0.3685	0.2414，0.5610
精修后残余电子密度的峰、谷值/e・Å^{-3}	1.493，−0.825	1.024，−1.195	0.477，−0.477	2.102，−1.300

a) $R_1=\sum\|F_o|-|F_c\|/\sum|F_o|$；b) $wR_2=\{\sum[w(F_o^2-F_c^2)^2]/\sum[w(F_o^2)^2]\}^{1/2}$。

表 5.5 化合物 24b，24m，24o 和 26 的晶体数据和精修参数

化合物	24b	24m	24o	26
化合物	$C_{18}H_{17}N_6Cl_3$	$C_{19}H_{20}N_6Cl_2$	$C_{20}H_{22}Cl_2N_6$	$C_{12}H_{15}IN_6OPt$
Mr	423.73	403.31	417.34	581.29
晶系	三斜晶系	单斜晶系	单斜晶系	三斜晶系
空间群	P－1	P2（1）/c	P2（1）/c	P－1
a/Å	9.096（2）	7.8829（16）	17.228（7）	7.7640（18）
b/Å	10.182（2）	13.420（3）	14.273（6）	8.2462（19）
c/Å	11.230（4）	18.883（4）	8.612（3）	13.432（3）
α/°	82.629（5）	90	90	96.258（4）
β/°°	75.485（4）	97.999（3）	93.650（7）	105.506（4）
γ/°	76.269（3）	90	90	92.199（4）
V/Å^3	975.5（5）	1978.1（7）	2113.4（15）	821.7（3）
Z	2	4	4	2
Dc/g·cm^{-3}	1.443	1.354	1.312	2.349
μ/mm^{-1}	0.486	0.345	0.325	10.424
F（000）	436.0	840.0	872.0	536
晶体尺寸（mm）	0.20×0.16×0.12	0.24×0.22×0.12	0.28×0.22×0.16	0.24×0.20×0.16
θ 角范围	1.88～27.46	1.87～27.79	1.18～27.63	1.59～25.50
衍射点收集/独立衍射点	5429/4142	13341/4622	28730/4891	4227/3006
基于 F^2 的 GOOF 值	0.776	1.039	1.087	1.061
R_{int}	0.029	0.0387	0.0455	0.0483
R_1 a)，wR_2 b) $[I>2\sigma(I)]$	0.0522，0.1622	0.0500，0.1371	0.0605，0.1624	0.0659，0.1757
R_1，wR_2（all data）	0.0734，0.1938	0.0683，0.1488	0.1071，0.2094	0.0700，0.1808
精修后残余电子密度的峰、谷值/e·Å^{-3}	0.294，－0.376	0.426，－0.442	0.376，－0.432	3.889，－5.300

a) $R_1=\sum\|F_o|-|F_c\|/\sum|F_o|$；b) $wR_2=\{\sum[w(F_o^2-F_c^2)^2]/\sum[w(F_o^2)^2]\}^{1/2}$。

5.4.2 代表性化合物晶体结构的解析

用 X-射线衍射测定了化合物 7m，8a，9a，8b，9b，8c，9g，8h，9h，8i，9i，24b，24m，24o 和 26 的晶体结构。附录中表 S_1～S_{11} 分别列出了它们的键长和键角，图 5-1～图 5-19 分别给出了化合物的分子结构图。

化合物的晶体在空气中稳定存在，晶体通过甲醇的缓慢挥发而得。化合物 7m 的结构从^{1}H NMR 和^{13}C NMR 谱图中不能准确判断，故而培养其单晶结构并进行了解析。晶体结构可以明确地说明邻位取代产物结构中的 7 位

氨基与一个氯乙基发生了亲核取代反应，形成一个六元环。而间位和对位取代产物则无此现象。配合物 26 的单晶结构清楚地展示了铂的配位环境。

5.4.2.1 系列 1 部分化合物的晶体结构

为进一步研究化合物结构对抗肿瘤活性的影响，对部分代表性的化合物培养了晶体并进行了解析，代表性化合物分子结构图见图 5-1～图 5-19。

化合物 7m，8a，9a，8b，9b，8c，9g，8h，9h，8i 和 9i 的 CCDC 申请号码分别为 1014303，1027655，1014301，1014300，1014302，1027658，1027660，1027656，1027657，1014304 和 1027659。

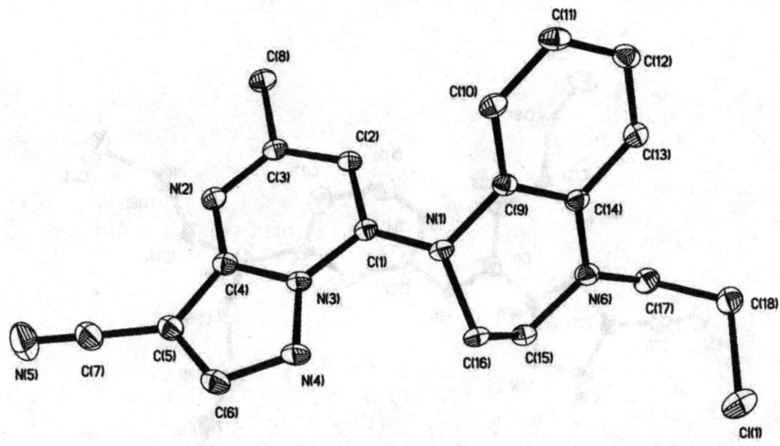

图 5-1 化合物 7m 的分子结构

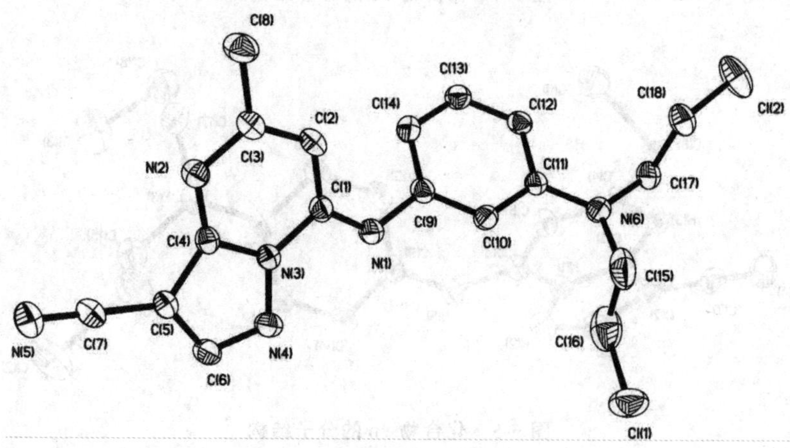

图 5-2 化合物 8a 的分子结构

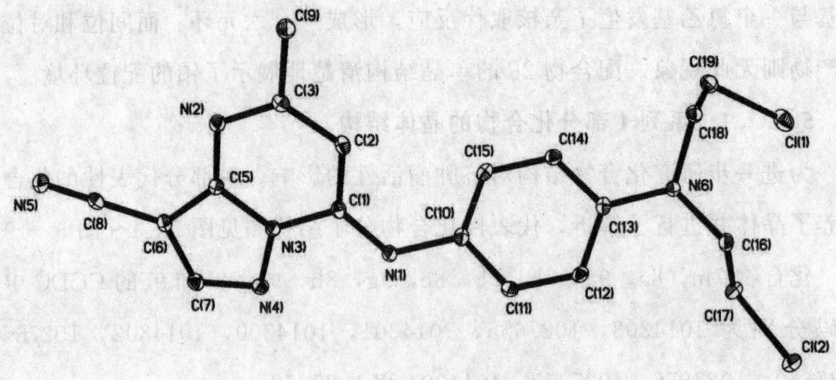

图 5-3　化合物 9a 的分子结构

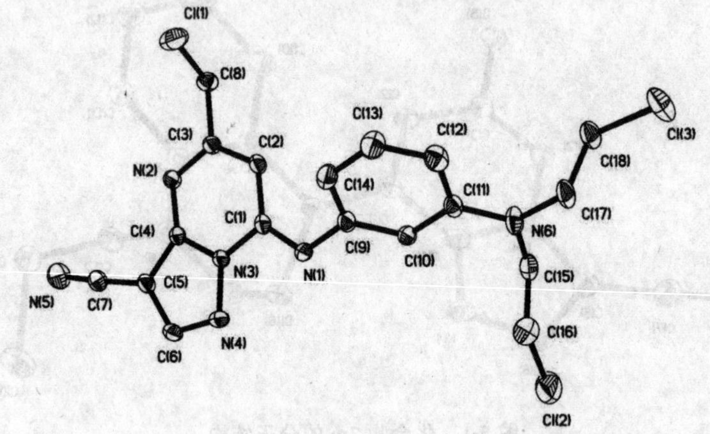

图 5-4　化合物 8b 的分子结构

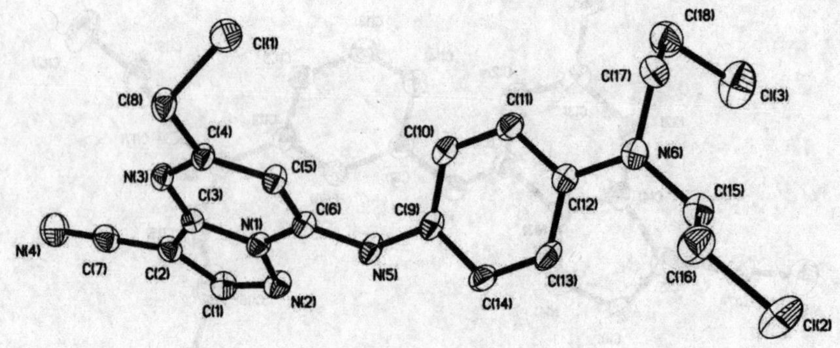

图 5-5　化合物 9b 的分子结构

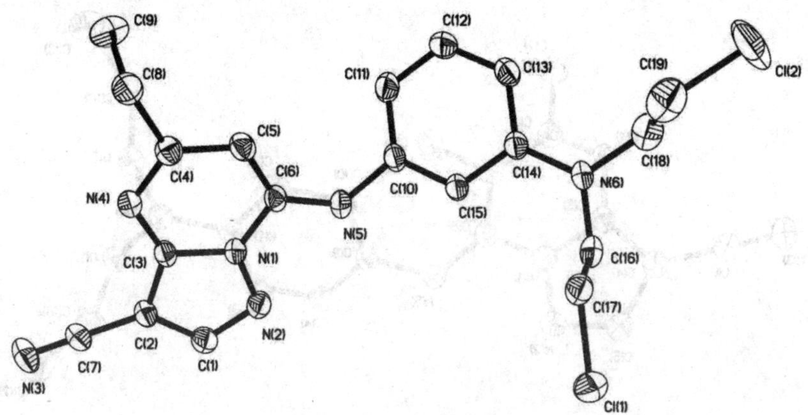

图 5-6　化合物 8c 的分子结构

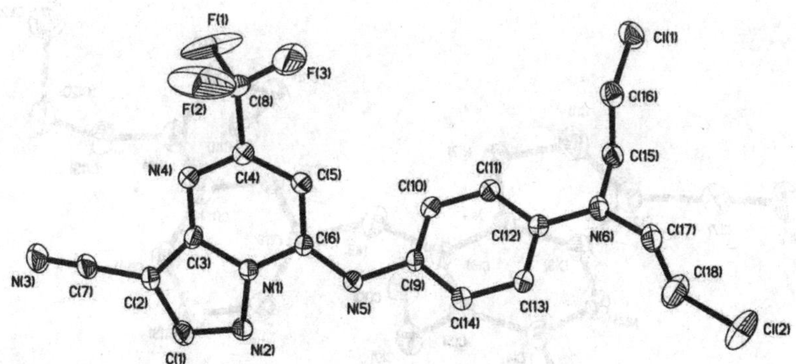

图 5-7　化合物 9g 的分子结构

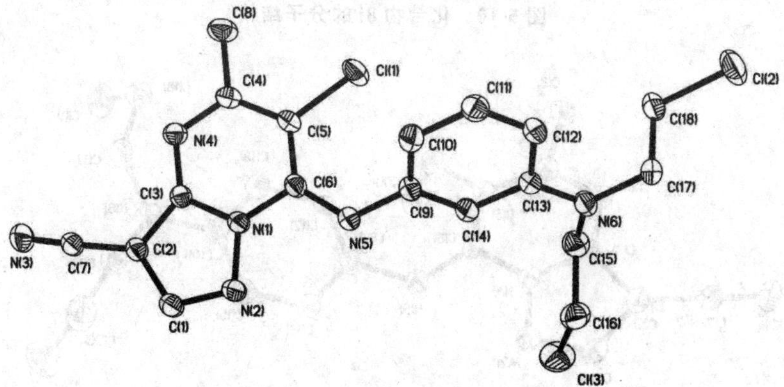

图 5-8　化合物 8h 的分子结构

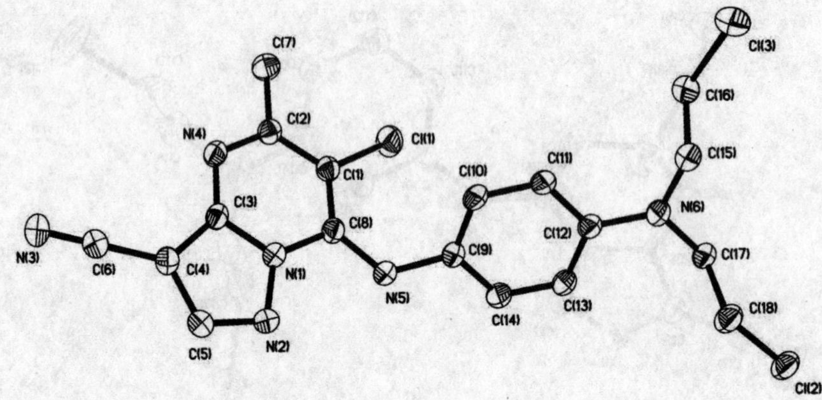

图 5-9 化合物 9h 的分子结构

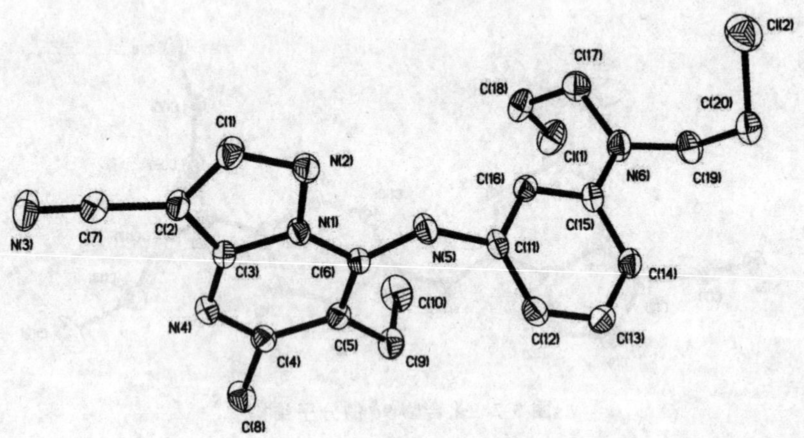

图 5-10 化合物 8i 的分子结构

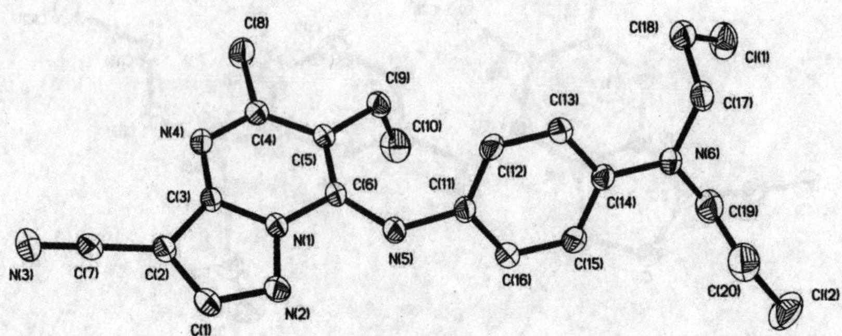

图 5-11 化合物 9i 的分子结构

5.4.2.2 系列 2 部分化合物的晶体结构

化合物 11a，15a，15b 和 19a 的 CCDC 申请号码分别为 1029195，1029193，1029194 和 1029405。

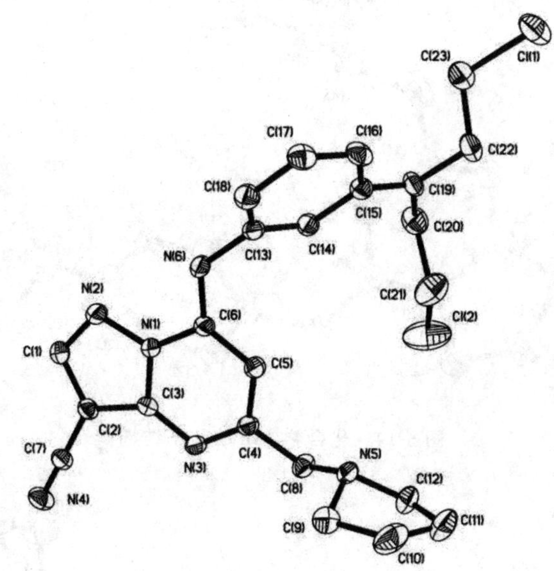

图 5-12 化合物 11a 的分子结构

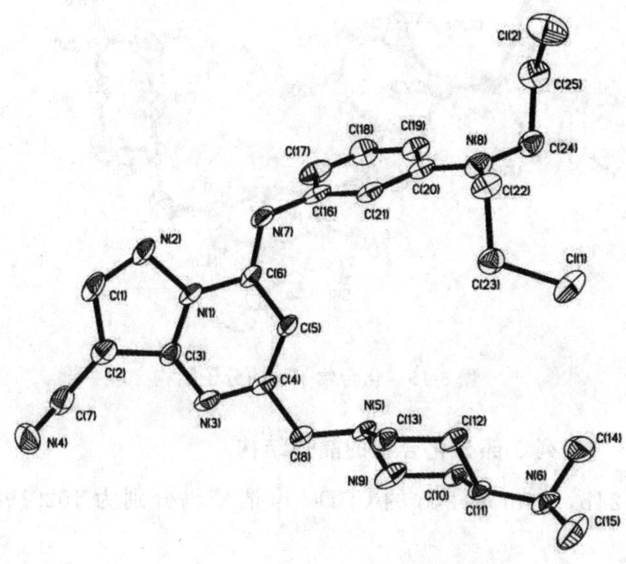

图 5-13 化合物 15a 的分子结构

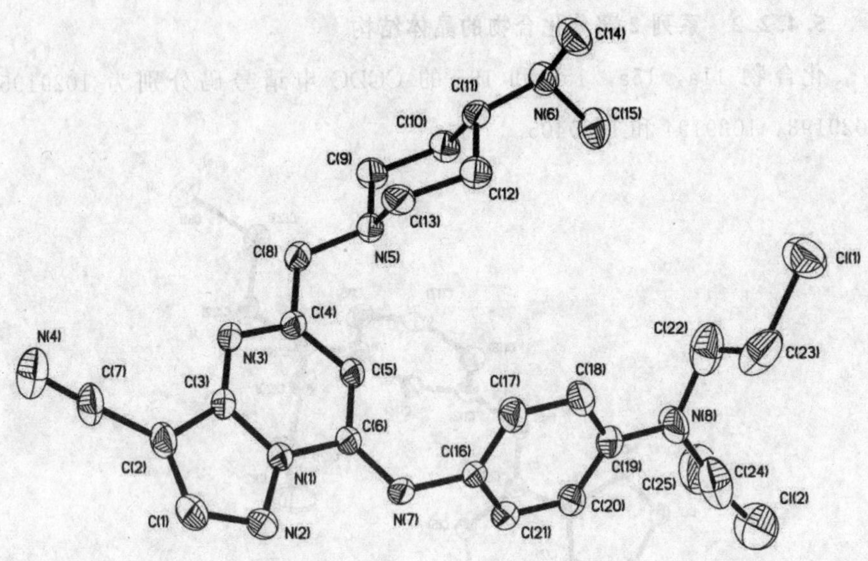

图 5-14　化合物 15b 的分子结构

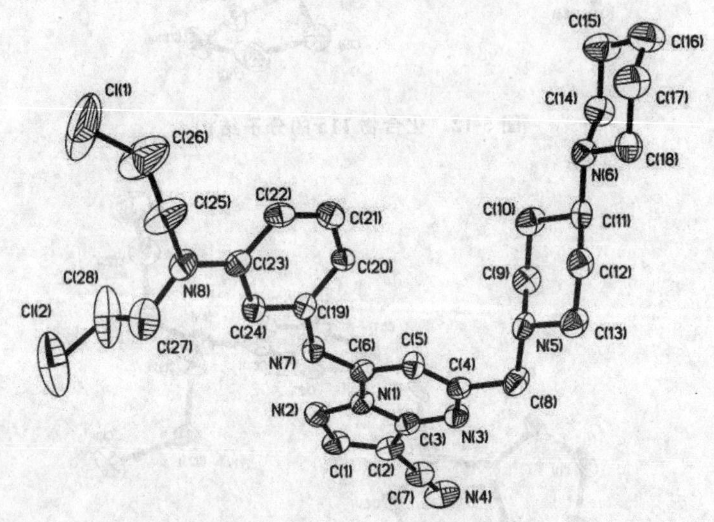

图 5-15　化合物 19a 的分子结构

5.4.2.3　系列 3 部分化合物的晶体结构

化合物 24b，24m 和 24o 的 CCDC 申请号码分别为 1029198，1029197 和 1029196。

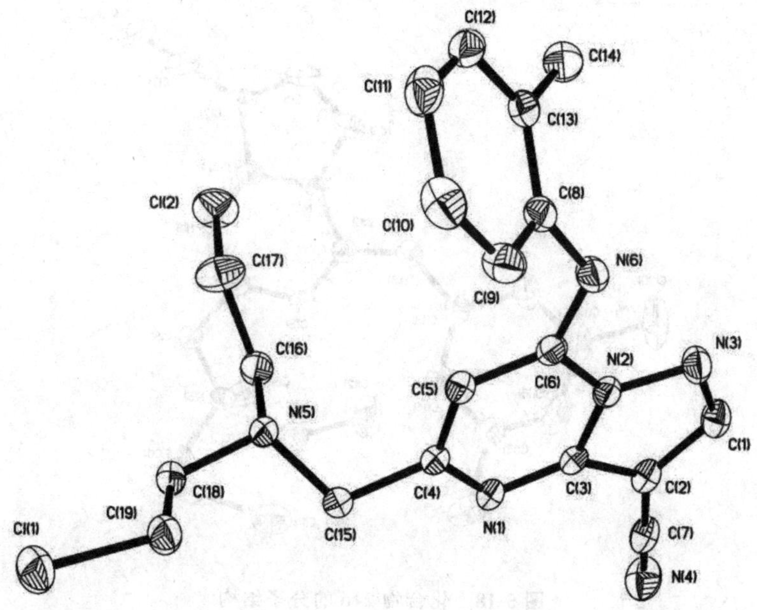

图 5-16　化合物 24k 的分子结构

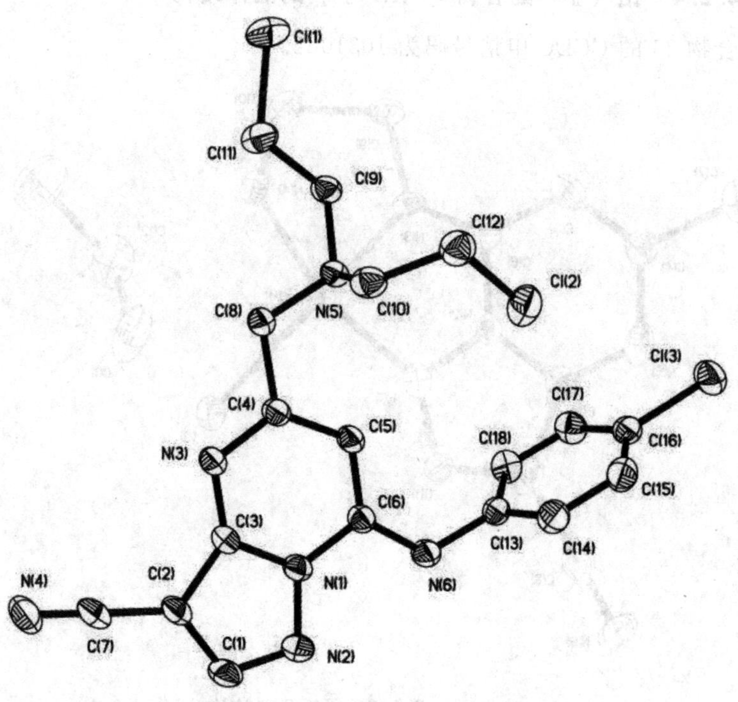

图 5-17　化合物 24b 的分子结构

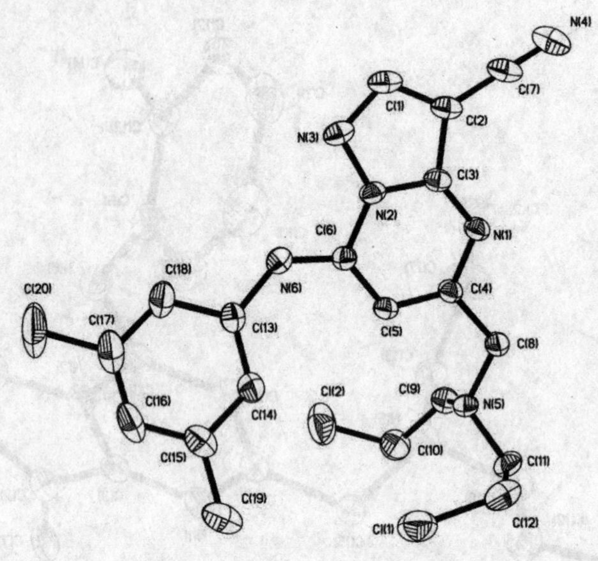

图 5-18　化合物 24o 的分子结构

5.4.2.4　铂（Ⅱ）配合物［PtL1′Ⅰ］的晶体结构

化合物 26 的 CCDC 申请号码为 1031082。

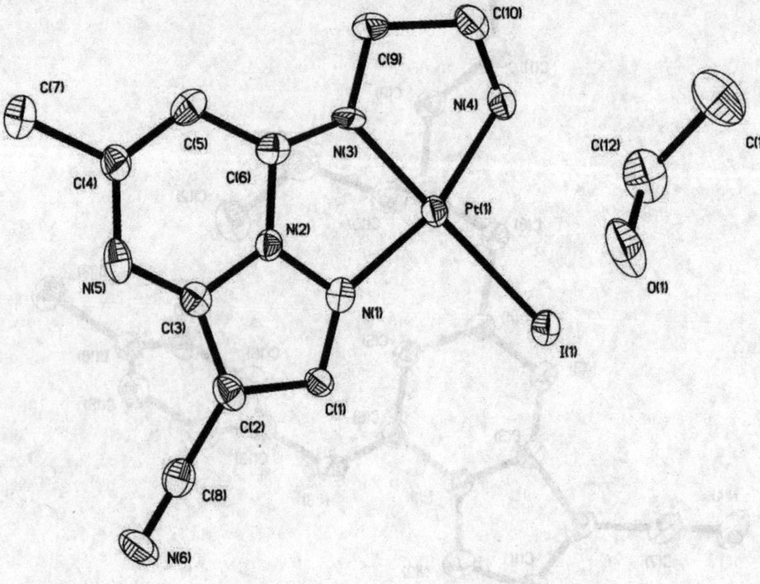

图 5-19　化合物 26 的分子结构

5.5 小 结

本研究采用简单的合成方法制备了65个以吡唑并［1，5-a］嘧啶为载体的氮芥类化合物和5个铂（Ⅱ）配合物。对于氮芥类化合物，我们用^{1}H NMR，^{13}C NMR，MS和IR谱对其进行了表征，而铂（Ⅱ）配合物由于溶解性太差，没有用^{13}C NMR谱进行表征。此外，为了更加清楚地看到化合物的分子结构，我们通过X-射线单晶衍射技术分析测定了部分有代表性的化合物的单晶结构。单晶结构解析表明，氮芥类化合物中邻位取代产物结构中的7位氨基与一个氯乙基发生了亲核取代反应，形成一个六元环。而间位和对位取代产物则无此现象。现对本章内容总结如下：

1. 共合成系列1目标化合物22个。其中，邻位苯胺氮芥取代产物7m和7n中的7位氮与其中一个氯乙基发生亲核取代反应，生成了一个六元环，导致邻位产物中只有一个烷化基团。

2. 共合成系列2目标化合物24个。在合成该系列化合物时，在40℃左右反应2～4 h后，各种胺的取代反应只发生在5位的氯上，而对苯胺氮芥中的氯乙基并未产生影响。

3. 共合成系列3目标化合物19个。该系列化合物的合成中温度升高，反应进程加快，但是副产物增多，给后期处理带来不便。因此，该系列反应均是在常温下进行，得到的产物用乙酸乙酯和石油醚柱层析分离，其中有的产物需要进一步重结晶。

4. 共合成两种类型的铂类配合物5个。其中，［PtL1′Ⅰ］是以吡唑并［1，5-a］嘧啶为非离去基团，而［$PtL2'X_2$］是以吡唑并［1，5-a］嘧啶为离去基团。这5个铂配合物的合成虽然简单，但是产物溶解性能都不好，所以没有进一步地合成其他化合物。本章对配合物［PtL1′Ⅰ］进行了单晶结构解析。

第6章　以吡唑并［1，5-a］嘧啶类化合物为载体的氮芥类和铂类衍生物的抗肿瘤活性评价

6.1　实验仪器与试剂

实验所用仪器及相应生产厂家如表6.1所示

表6.1　实验所用仪器及其厂家

名称	生产厂家
高压灭菌锅	合肥华泰医疗设备有限公司
显微镜	DSZ 2000
二氧化碳培养箱	Thermo公司
超净工作台	ACB-4A1，ESCO公司
离心机	TDL-40B，上海安亭科学仪器厂
低温冰箱	Thermo公司
干燥箱	GZX-9070MBE，上海博讯实业有限公司医疗设备厂
酶标仪	1420multiabel counter，PE Victor^{TM}3V
流式细胞仪	FACS Vantage SE，美国BD公司

实验所用试剂及相应生产厂家如表6.2所示。

表6.2　所用试剂及其厂家

试剂名称	生产厂家
EDTA	北京化学试剂公司
DMSO	AppliChem公司

续表

试剂名称	生产厂家
MTT	Sigma 公司
消化液	北京索莱宝科技有限公司
DMEM 培养基	北京索莱宝科技有限公司
RPMI1640 培养基	北京索莱宝科技有限公司
链霉素	吉诺生物医药技术有限公司
青霉素	吉诺生物医药技术有限公司
胎牛血清	浙江天杭生物科技有限公司
AnnexinV-FITC/PI 双染试剂盒	嘉美生物技术有限公司

实验所选细胞株：人神经母细胞瘤细胞（SH-SY5Y），人肺癌细胞（A549），人肝癌细胞（HepG-2），人乳腺癌细胞（MCF-7），人前列腺癌细胞（DU145）和人胃黏膜细胞系（GES-1），细胞均取自于本实验室冻存。

6.2 实验方法

6.2.1 体外抗肿瘤活性实验

用体外抗肿瘤活性实验（MTT）法测化合物的体外抗肿瘤活性[110-111]。分别取对数生长期的肿瘤细胞 A549，HepG2，SH-SY5Y，MCF-7 及 DU145 制成 2×10^4/mL 的单细胞悬液，每孔加入 100 μL 接种于 96 孔板中，置于 37℃，5% CO_2气氛下，饱和湿度条件下培养 24 h，之后分别给予不同浓度的药物处理（每个浓度设置 5 个平行复孔）。药物作用于细胞 72 h 后，每孔加入 10 μL 的 MTT（5 mg/mL），在 37℃，5% CO_2条件下继续孵育 4 h，然后向每孔中加入 100 μL 的裂解液（10%SDS+0.1% NH_4Cl）避光孵育过夜。各孔的细胞活性次日采用酶标仪测定。各孔光密度值（OD 值）以 570 nm 为检测波长，650 nm 为参考波长。根据吸光度值计算细胞的增殖抑制率：细胞增殖抑制率（%）=[1-（给药组的平均吸光度值）-（空白对照组的平均吸光度值)/(阴性对照组的平均吸光度值)－(空白对照组的平均吸光度值)]×100%。细胞增殖半抑制率（IC_{50}）利用 SPSS 16.0 软件进行计算。

6.2.2 目标化合物对 HepG2 细胞周期影响的测定

取适量的对数生长期肿瘤细胞接种于 6 孔板中，置于 37℃，5% CO_2气氛中，饱和湿度条件下培养 24 h 后对细胞进行加药处理。同时设置给药组和不给药的对照组，按照设定的时间作用后将细胞用 0.25% 胰酶消化成单细胞悬液，1500 转离心 15min 后收集细胞，用预冷的 PBS 缓冲液洗涤细胞 2 次，1500 转离心 15min 后，加入预冷的 70%乙醇中，封口，置于 4℃冰箱固定至少 24 h。将固定好后的细胞离心收集，弃去上清液后用 PBS 缓冲液洗涤 2 次，离心收集细胞。用 0.4 mLPBS 重悬细胞，加入 RNA（1 mg/mL）30 μL 至 50 μg/mL 使总体积为 0.5 mL 左右。37℃条件下孵育 30 min，之后立即将离心管插入冰浴中停止消化。待离心管冷却后，向其中加入碘化丙啶 PI（500 μg/mL）50 μL 至终浓度为 50 μg/mL，冰浴条件下避光染色 30～40 min，用 300 目尼龙网过滤后进行流式细胞仪检测。

6.2.3 目标化合物对 HepG2 细胞凋亡的测定

6.2.3.1 Annexin V-FITC&PI 双染法流式细胞术检测凋亡率

取适量的对数生长期肿瘤细胞接种于 6 孔板中，置于 37℃、5% CO_2，饱和湿度条件下培养 24 h 后对细胞进行加药处理。同时设置给药组和不给药的对照组，按照设定的时间作用后将细胞用 0.25% 胰酶消化成单细胞悬液，2000 转离心 5 min 后收集细胞。用预冷的 PBS 缓冲液洗涤细胞 2 次，2000 转离心 5 min 收集细胞后，加入 300μL 的 1×Binding Buffer 重新悬浮细胞。加入 5 μL 的 Annexin V-FITC 轻轻混匀后，避光条件下室温孵育 15 min。流式细胞仪检测前 15 min 左右加入5 μL 的PI 染色，并补加 200 μL 的 1×Binding Buffer。

6.2.3.2 Annexin V-FITC&PI 双染色显微镜观察细胞形态学变化

将对数生长期的肿瘤细胞接种于激光共聚焦培养皿中（调整接种密度为 5×10^4 个），置于 37℃，5% CO_2 气氛中，饱和湿度条件下培养 24 h 后对细胞进行给药处理。同时设置给药组和不给药的对照组。培养 48 h 后弃去培养液的上清液，用 PBS 缓冲液洗涤 2 次。每孔加入 300 μL 的 1×Binding Buffer，加入5 μL 的Annexin V-FITC 避光条件下室温孵育 15 min。之后加入 5 ul 的 PI 染色，并补加 200 μL 的 1×Binding Buffer，随后将培养皿放置于荧光显微镜下观察，图像采集于 400 倍镜下进行。

6.2.4 急毒试验

急毒试验所用小白鼠购自于北京大学医学部实验动物科学部，体重18～22 g，雌雄各半。实验前小鼠均禁食 12 h，不禁水。化合物 9b 配制成注射液在紫外灯下预先照射 15 min 备用。用 10 只小白鼠进行预实验探索给药剂量范围，小鼠随机分配，2 只一组，雌雄各半。在探索剂量的 0～100%致死量范围选取 5 个剂量进行正式试验。各剂量组随机分配 10 只小鼠，雌雄各半。小鼠尾静脉给药，给药从中剂量开始。观察并记录各组小鼠死亡数目并计算 LD_{50} 及其 95%可信限。

6.2.5 荷人肝癌细胞系 HepG2 肿瘤裸鼠模型的建立

细胞复苏后将细胞转移至培养皿中放置于 37℃，5% CO_2 气氛中，饱和湿度条件下培养，待细胞覆盖度达到 80%～90%后进行传代培养。细胞数达到足够建模时，用 0.25% 胰酶消化，无血清培养基轻吹成单细胞悬液，1000 r/min 离心 5 min，收集细胞，用无血清培养基悬浮细胞后定容，每只裸鼠左肢皮下接种细胞，接种数量为 5×10^7 个。待裸鼠成瘤后，从中选取肿瘤和体重均接近的裸鼠进行体内抗肿瘤活性试验。裸鼠随机分组，同时设置给药组和阴性对照组及阳性药物对照组。肿瘤大小用游标卡尺量取，体积计算公式为（$l\times w^2$）/2。

6.2.6 系列 1 化合物分子的 3D-QSAR 模型建立

6.2.6.1 研究方法

本研究的 3D-QSAR 模型采用计算机并行服务器（12-cpus）和 SYBYL-X-1.1，autodock4.0 软件，选用系列 1 中化合物 8a-j 和 9a-j 对 HepG2 细胞的体外抗肿瘤活性数据的半抑制浓度（IC_{50}）数据进行构建。选用 CDK2 激酶与其抑制剂的复合物晶体，晶体数据从蛋白质数据库（Protein Data Bank，http：//www.rcsb.org/pdb/）中下载，PDBID 为 1G5S。分子模建及 3D-QSAR 分析在 Tripos 公司 Silicon Graphics O2 计算机工作站进行。化合物分子的模建在 SYBYL-X-1.1 软件包中的 Sketch Molecular 模块下完成。以复合物中的抑制剂分子（图 6-1）为基本框架，用 ChemSketch 画出模板分子，模板分子结构见图 6-2，以模板分子为模板完成 20 个化合物分子的建模。电荷分布通过半经验分子轨道法计算而得。通过公式（$pIC_{50} = -\log IC_{50}$）将 IC_{50} 值转换成 pIC_{50} 值，以 pIC_{50} 值作为计算 CoMFA 和 CoMSIA 的因变量。CoMFA 和 CoMSIA 分析用 SYBYL-X-1.1 分子模型软件完成。用系统搜寻法对化合物分子进行构象-能量匹配搜索并对分子进行优化，将优化好的化合物分子构象选用数据库叠合。叠合的公共骨架如图 6-3 所示。

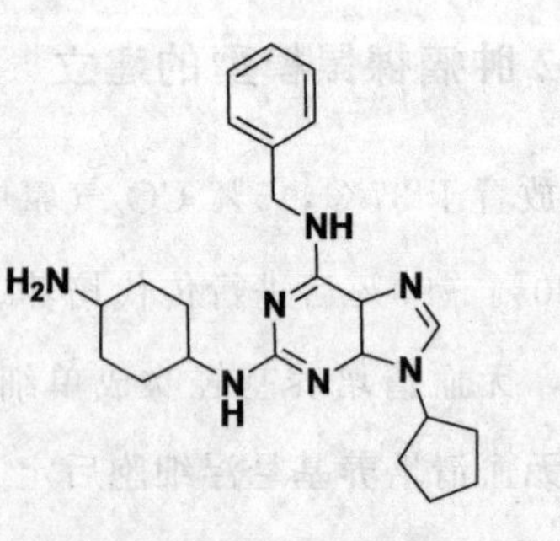

Strcture of the template compound

图 6-1 复合物中抑制剂分子结构

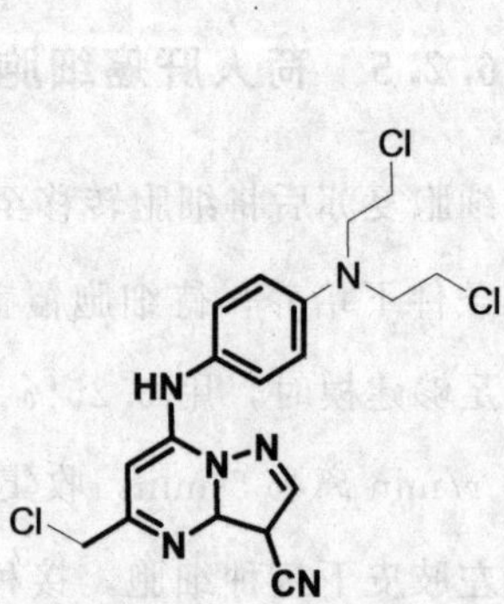

图 6-2 模板分子结构

6.2.6.2 CoMFA 和 CoMSIA 研究

CoMFA 计算使用 SYBYL-X-1.1 软件将叠合分子放置于 3D 网格间距为

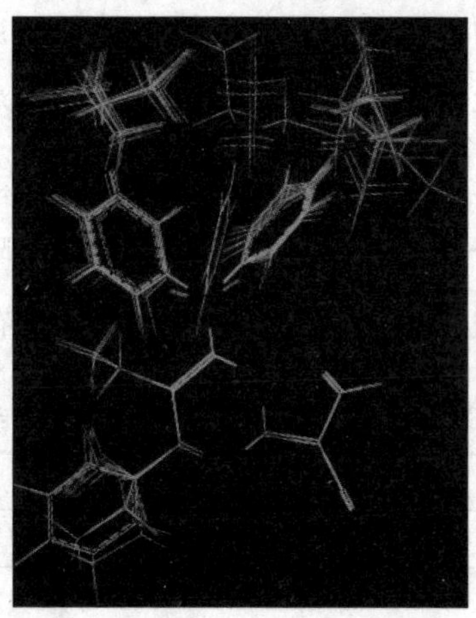

图 6-3　系列 1 化合物分子基于配体的手动叠合图

0.2 nm 的空间网格中。使用 sp^3 杂化的碳正离子为默认探针，立体场（lennard-Jones）和静电场（coulomb）的能量阈值均为 30 kcal/mol。CoMSIA 计算与 CoMFA 方法一样，采用空间网格[112,113]，但 CoMSIA 计算是对立体力场、静电场、疏水场、氢键受体和给体场五个不同的特性场。将探针放置于每个空间网格点上，对分子周围的五种场进行探测，衰减因子采用缺省值（0.3）表示。

6.2.6.3　分子对接的参数设置

本书中分子对接是在 SYBYL-X-1.1 软件中的 Surflex-dock 模块下将化合物 9b 作为代表性化合物分子对接到 CDK2 结合口袋，以此来研究系列 1 目标化合物分子与 CDK2 激酶的作用模式和作用机制。

6.3　系列 1 目标化合物的体内外抗肿瘤活性评价

6.3.1　用 MTT 法检测系列 1 目标化合物对五种人肿瘤细胞株的增殖抑制作用

细胞株：A549，SH-SY5Y，HepG2，MCF-7 及 DU145。

系列 1 目标化合物对五种人肿瘤细胞的体外抗肿瘤活性通过 MTT 法进行检测，其结果以半抑制浓度（IC_{50}）的形式由表 6.3 给出。根据表中的数据我们可以看到，大部分化合物都表现出了一定程度的体外抗肿瘤活性，其中，有几个化合物对某些肿瘤的抑制效果比阳性对照药物索拉非尼和美法仑的要好。与组内阴性对照组相比，差异具有显著性（$P<0.05$）。

表 6.3　系列 1 化合物对五种人肿瘤细胞株的半抑制浓度

化合物	IC_{50}（μmol/L）				
	A549	HepG2	SH-SY5Y	MCF-7	DU145
7m	>100	>100	>100	>100	>100
7n	>100	>100	98.11	>100	>100
8a	45.65	55.51	22.89	56.36	>100
9a	8.01	16.69	3.75	47.12	>100
8b	22.56	7.23	4.61	28.12	30.86
9b	7.44	3.69	0.84	25.27	29.47
8c	93.93	35.19	28.40	>100	>100
9c	12.26	4.08	4.88	19.29	26.16
8d	>100	80.48	22.85	>100	>100
9d	48.63	7.20	10.45	>100	41.62
8e	56.16	60.74	14.44	96.13	>100
9e	23.16	5.05	4.48	56.62	29.04
8f	57.24	>100	26.24	>100	>100
9f	11.12	17.08	8.57	87.43	44.31
8g	40.58	12.89	15.91	49.22	50.86
9g	13.01	4.49	14.04	25.51	46.59
8h	57.35	12.13	12.85	>100	>100
9h	>100	13.72	23.69	>100	>100
8i	>100	>100	31.42	>100	>100
9i	>100	75.52	11.16	>100	>100
8j	>100	>100	74.71	>100	>100
9j	>100	>100	61.20	>100	>100
索拉非尼	27.71	8.42	19.54	11.34	24.91
美法仑	>100	18.26	43.78	40.59	>100

对于人肿瘤细胞 A549，化合物 8a，9a，9b，9c，9f 和 9g 表现出了较强的抑制作用；对于 HepG2 肿瘤细胞，化合物 8b，8g，8h 和 9b～9h 表现出较高的细胞毒性；对于 SH-SY5Y 肿瘤细胞，化合物 8a～8i 和 9a～9i 均表现出较高的细胞毒性；对于 MCF-7 肿瘤细胞，化合物 8b，9b，9c 和 9g 表现出较好的抑制效果；对于 DU145 肿瘤细胞，化合物 8b，9b，9c 和 9e 表现出较好的细胞毒性。其中，化合物 9b 对五种肿瘤细胞的抑制作用效果最好，其 IC_{50} 值分别为 7.44 μmol/L，3.69 μmol/L，0.84 μmol/L，25.27 μmol/L 和 29.47 μmol/L，对 A549，HepG2 和 SH-SY5Y 细胞的抑制效果好于阳性对照药物索拉非尼和美法仑，而对 MCF-7 和 DU145 肿瘤细胞抑制效果比阳性对照药物索拉非尼差一些，其结果说明化合物 9b 对五种肿瘤的抑制作用具有一定的选择性。系列 1 中大部分化合物具有这种选择性。由于氮芥类的药物为广谱性抗癌药物，选择性很低，我们将氮芥基团引入到吡唑并［1，5-a］嘧啶环上，成功地提高了氮芥的选择性。

我们选择对肿瘤细胞抑制率较高和一般的几个化合物用 MTT 法对正常细胞的毒性进行了检测，结果见表 6.4。

表 6.4　系列 1 部分化合物对人正常胃黏膜细胞 Ges-1 的半抑制浓度

细胞系	GES-1						
化合物	8a	9a	8b	9b	8e	美法仑	索拉非尼
IC_{50}（μmol/L）	25.32	7.15	9.76	9.59	42.76	19.61	10.68

由表中数据可以看出，化合物 9a，8b，9b，8b 和 9b 对于人正常胃黏膜上皮细胞的毒性与阳性对照药物索拉非尼相当。在体外对肿瘤细胞半抑制率一般的化合物 8a 和 8e 对正常胃黏膜上皮细胞的毒性也相对较小。

6.3.2　系列 1 目标化合物 9b 对人肝癌细胞系 HepG2 细胞周期的影响

流式细胞仪检测结果如图 6-4 及图 6-5 所示。

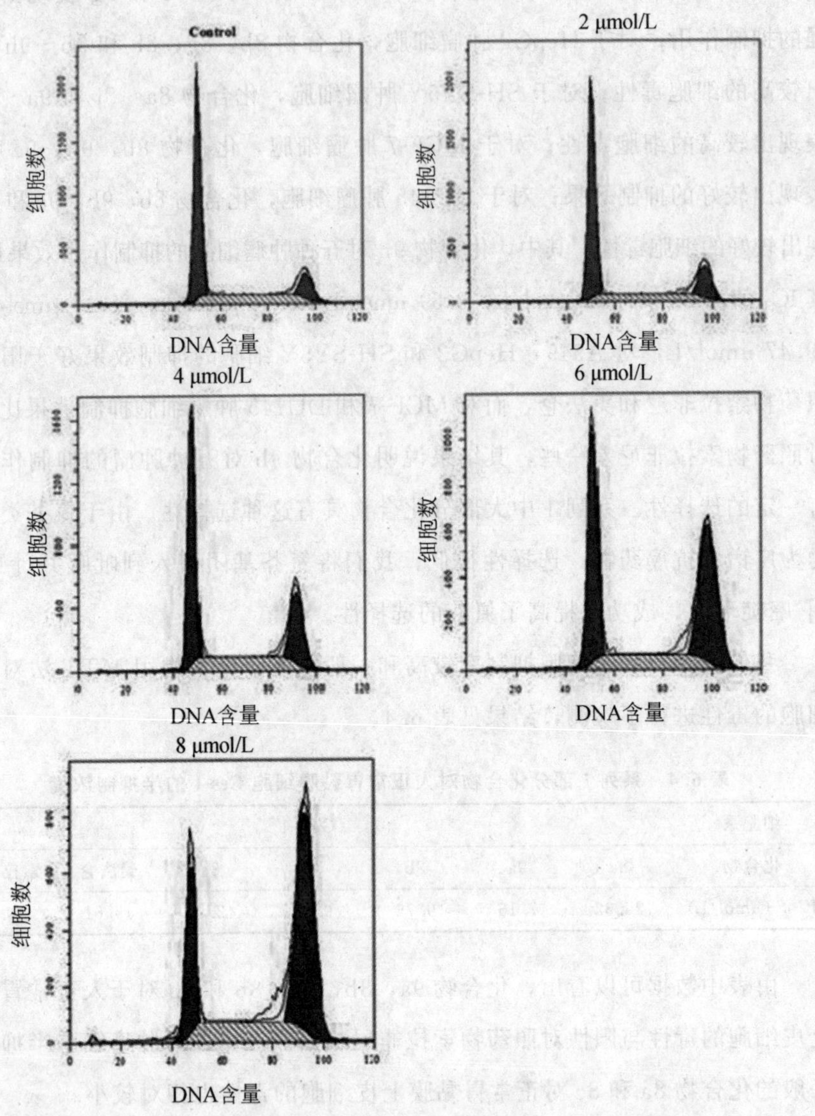

图 6-4　化合物 9b 对 HepG2 细胞作用 48 h 后的细胞周期分布图

从图 6-4 及图 6-5 我们可以明显看到，HepG2 细胞经过与化合物 9b 作用 48 h 后，处于 G2/M 期的细胞比例明显增加，表明化合物 9b 可以阻滞人肝癌细胞系 HepG2 细胞周期于 G2/M 期。给药组 4 个浓度与阴性对照组比较，差异具有显著性（$P<0.05$）。

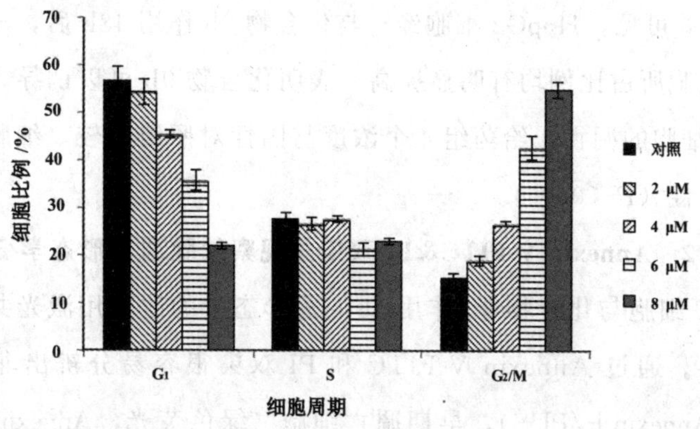

图 6-5 化合物 9b 对 HepG2 细胞作用 48 h 后的细胞周期分布影响

6.3.2 系列 1 目标化合物 9b 对人肝癌细胞系 HepG2 细胞凋亡的影响

6.3.2.1 Annexin V-FITC&PI 双染法流式细胞术检测凋亡率

流式细胞仪检测结果见图 6-6。

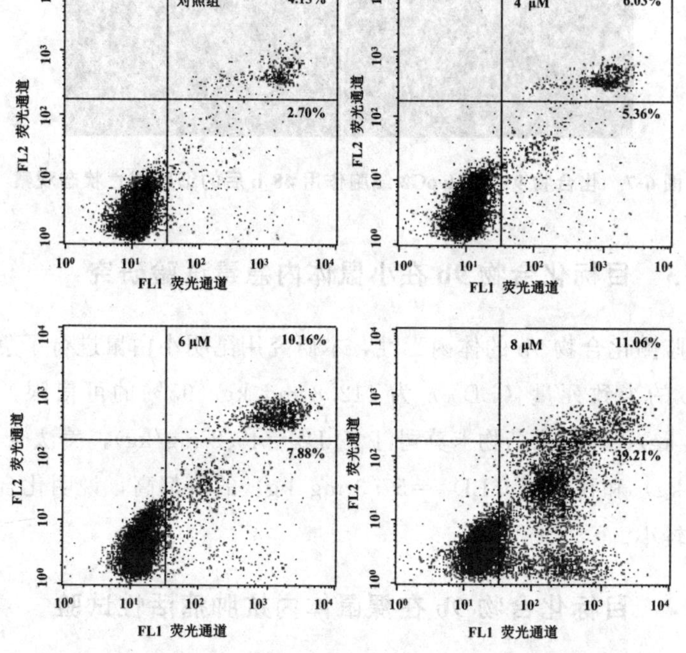

图 6-6 化合物 9b 对 HepG2 细胞作用 48 h 后的凋亡影响

由图 6-6 可见，HepG2 细胞经过与化合物 9b 作用 48h 后，早期凋亡和晚期凋亡细胞所占比例均有明显提高，表明化合物 9b 可以诱导人肝癌细胞系 HepG2 细胞的凋亡。给药组 4 个浓度与阴性对照组比较，细胞凋亡率差异具有显著性（$P<0.05$）。

6.3.2.2 Annexin V-FITC&PI 双染法观察细胞凋亡形态学变化

HepG2 细胞与化合物 9b 作用 48 h 后形态学的改变用激光共聚焦荧光显微镜观察。通过 Annexin V-FITC 和 PI 双染很容易分辨出非凋亡细胞（无荧光，Annexin+/PI−），早期凋亡细胞（绿色荧光，Annexin+/PI−），晚期凋亡细胞（绿色和红色荧光，Annexin+/PI+）和坏死细胞（红色荧光，Annexin−/PI+）[114]。由图 6-7 可见，化合物 9b 能够明显地诱导细胞早期凋亡。

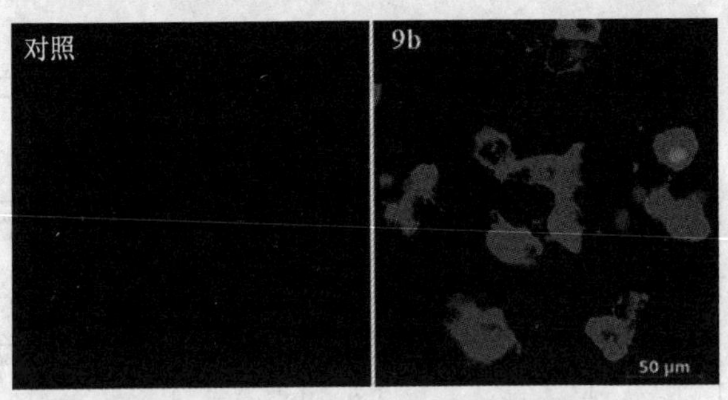

图 6-7 化合物 9b 对 HepG2 细胞作用 48 h 后的细胞凋亡状态观察

6.3.3 目标化合物 9b 在小鼠体内急毒试验研究

为了监测化合物 9b 的体内毒性，本研究用昆明小白鼠进行了急毒试验。化合物 9b 的半致死量（LD_{50}）为 112.8 mg/kg（95%的可信限：103.6～122.6 mg/kg），比临床药物卡莫司汀（LD_{50}=45.2 mg/kg），美法仑（LD_{50}=32.0 mg/kg）和喜树碱（LD_{50}=57.3 mg/kg）的值都高，说明化合物 9b 的体内毒性较小。

6.3.4 目标化合物 9b 在裸鼠体内抗肿瘤活性试验

基于化合物 9b 在体外良好的抗肿瘤活性和体内较低的毒性，我们建立了荷人肝癌细胞系 HepG2 的裸鼠异种移植模型对其进行了体内抗肿瘤试验，研究其在裸鼠体内对人肝癌细胞系 HepG2 的增殖抑制作用。荷人肝癌细胞系 HepG2 裸鼠通过腹腔注射给药，给药剂量为 10 mg/kg/d 和 20 mg/kg/d，连续给药 15 天。阴性对照和阳性对照药物索拉非尼和环磷酰胺以同样的方式给药，肿瘤体积隔天量一次。实验结果见图 6-8。

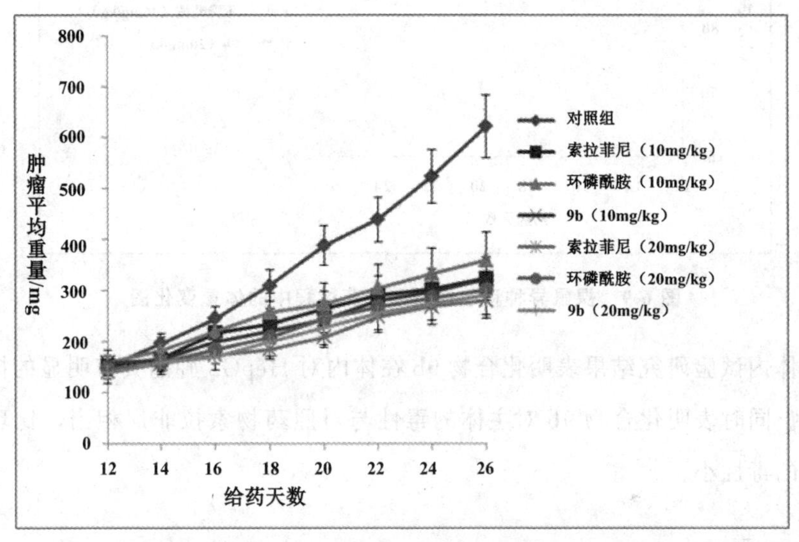

图 6-8　9b 及对照组对荷 HepG2 裸鼠异植模型的体内肿瘤抑制效果图

化合物 9b 表现出明显的肿瘤增长抑制，与阴性对照相比，其体内肿瘤抑制率在 10 mg/kg 和 20 mg/kg 剂量水平时分别达到了 48.22%和 53.39%。剂量同为 10 mg/kg 时，化合物 9b 的体内抗肿瘤抑制效果比阳性对照药物索拉非尼和环磷酰胺稍高。剂量同为 20 mg/kg 时，化合物 9b 的抑制效果比阳性对照药物索拉非尼稍微差一些，但是比环磷酰胺要好。

另外，从图 6-9 可以看到，化合物 9b 对裸鼠体重影响变化不明显。当剂量同为 10 mg/kg 时，化合物 9b 对裸鼠体重影响趋势与阳性对照药物索拉非尼相似，体重降低比环磷酰胺降低的程度要低。当剂量同为 20 mg/kg 时，化合物 9b 对裸鼠体重影响呈缓慢降低的趋势，而索拉非尼组裸鼠体重先降低后缓慢回升，最终与化合物 9b 对裸鼠体重影响程度相当。

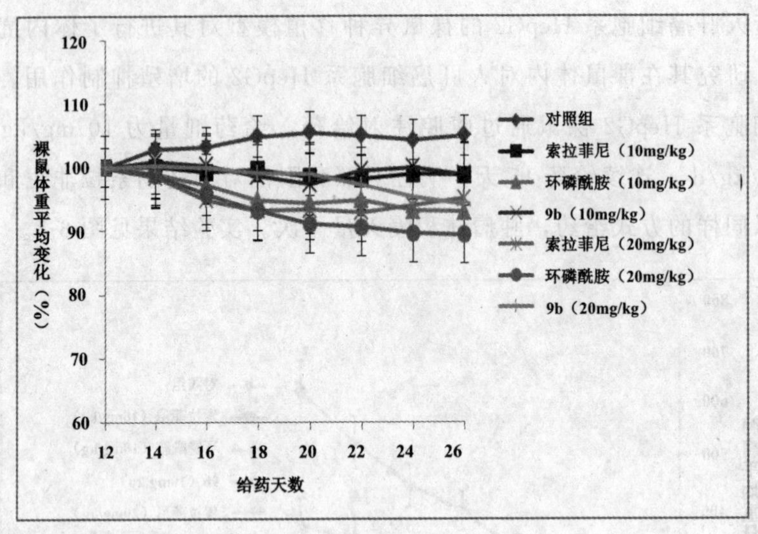

图 6-9　裸鼠异种移植模型在给药过程中的体重变化图

体内试验研究结果表明化合物 9b 在体内对 HepG2 肿瘤具有明显的抑制作用。同时表明化合物 9b 对主体的毒性与对照药物索拉非尼相当，比环磷酰胺的毒性小。

6.4　系列 2 目标化合物的体内外抗肿瘤活性评价

6.4.1　用 MTT 法检测目标化合物对人肿瘤细胞株的增殖抑制作用

细胞株：A549，SH-SY5Y，HepG2，MCF-7 和 DU145。

系列 2 目标化合物对五种人肿瘤细胞的体外抗肿瘤活性同样使用 MTT 法进行检测，结果以半抑制浓度（IC_{50}）的形式由表 6.5 给出。表中数据表明，除了 20a～20b 和 21a～21b 之外，大部分化合物均对肿瘤细胞表现出一定程度的抑制作用。其中，一些化合物对某些肿瘤的抑制作用明显比阳性对照药物索拉非尼和美法仑好。与组内阴性对照组相比，数据具有显著性差异（$P<0.05$）。

表 6.5 系列 2 化合物对五种人肿瘤细胞株的半抑制浓度

化合物	IC_{50} (μmol/L)				
	SH-SY5Y	HepG2	A549	MCF-7	DU145
10a	40.75	33.59	39.78	54.64	59.28
10b	8.68	3.16	6.22	6.53	18.88
11a	15.74	14.42	17.47	37.46	35.38
11b	9.17	5.54	9.84	12.41	27.17
12a	25.85	33.83	35.923	>100	55.82
12b	19.21	23.56	18.30	82.91	43.37
13a	60.96	33.39	>100	>100	>100
13b	6.71	5.51	13.60	11.34	10.66
14a	15.27	17.64	19.53	41.10	50.54
14b	7.42	2.92	8.90	12.19	23.56
15a	15.35	9.22	12.67	25.16	26.98
15b	7.86	4.01	5.122	12.36	7.67
16a	22.73	16.64	16.49	23.94	44.05
16b	8.40	10.71	14.78	13.79	21.71
17a	36.69	29.72	35.83	70.38	>100
17b	13.66	9.11	20.58	20.41	20.91
18a	30.72	18.41	27.94	41.05	33.36
18b	11.52	8.54	12.80	16.20	26.75
19a	9.36	9.07	13.21	25.06	22.38
19b	6.02	0.21	6.13	8.31	6.82
20a	>100	88.13	>100	>100	>100
20b	74.08	74.21	>100	>100	>100
21a	>100	>100	>100	>100	>100
21b	>100	>100	>100	>100	>100
索拉非尼	27.71	8.42	19.54	11.34	24.91
美法仑	>100	18.26	43.78	40.59	>100

对于本实验选用的五种不同肿瘤细胞，化合物 10a～19a 和 10b～19b 表现出明显的抑制作用，其中，10b～19b 和 19a 对一种或几种肿瘤细胞的抑制效果比阳性对照药物索拉非尼和美法仑还要好一些，比如其中的化合物 10b、11b、13b～15b、17b～19b、15a 和 19a 对 HepG2 肿瘤细胞表现出较强的抑制能力。化合物 10b、11b、13b、16b、19a、19b 对 SH-SY5Y 肿瘤细胞具有明显的抑制效果。大多数化合物对 A549 细胞的抑制效果较好，如化合物 10b～19b，14a～15a 和 19a，半抑制率（IC_{50}）值范围为 5.122～20.58 μmol/L。化

合物 10b～11b，13b～16b 和 19b 对 MCF-7 细胞的抑制效果较好。对于 DU145 肿瘤细胞，只有化合物 15b 和 19b 具有明显的抑制效果。化合物 20a、20b、21a 及 21b 对这五种肿瘤细胞抑制作用不明显。

我们选取其中几种化合物用 MTT 法对正常人胃黏膜上皮细胞（Ges-1）的毒性进行了测试，作用时间为 72h。结果见表 6.6。

表 6.6 系列 2 化合物对正常细胞 Ges-1 的半抑制浓度

细胞系	GES-1								
化合物	10b	11b	12b	14b	15b	16b	18b	19b	索拉非尼
IC_{50}（μmol/L）	10.97	13.68	17.54	8.29	11.12	13.49	17.67	9.54	10.68

表中数据表明化合物 10b～11b，14b～16b 和 19b 在体外对 Ges-1 细胞的毒性与阳性对照药物索拉非尼相当，化合物 12b 和 18b 相对小一些。

6.4.2 系列 2 目标化合物 19b 对人肝癌细胞系 HepG2 细胞周期的影响

流式细胞仪检测结果显示化合物 19b 在 3 μmol/L 时可以阻滞人肝癌细胞系 HepG2 细胞周期于 G1 期，结果如表 6.7 所示。从表 6.7 我们可以明显看到，HepG2 细胞经过与化合物 19b 作用 24 h 后，化合物浓度为 3 μmol/L时聚集于 G1 期的细胞比例明显增加。给药组 3 个浓度与阴性对照组比较，差异具有显著性（$P<0.05$）。

表 6.7 目标化合物 19b 对 HepG2 细胞作用 24h 后的细胞周期分布

Concentration（μmol/L）	0	1	2	3
G1	52.55	17.80	36.96	69.56
S	31.93	62.65	50.42	22.68
G2/M	15.52	19.55	12.62	7.76

6.4.3 系列 2 目标化合物 19b 对人肝癌细胞系 HepG2 细胞凋亡的影响

流式细胞仪检测的结果见图 6-11。

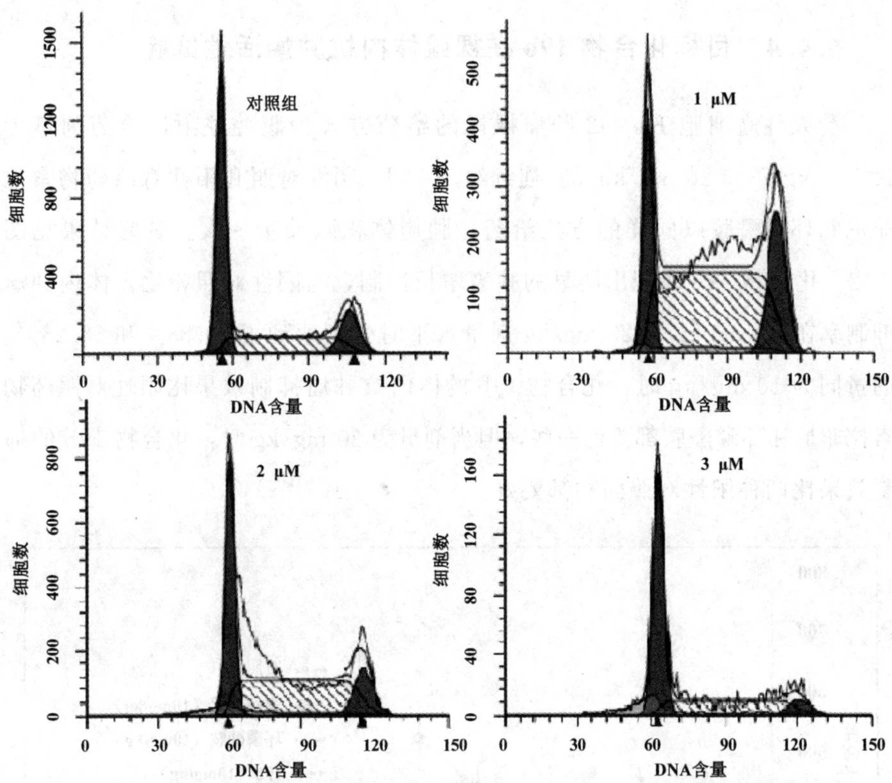

图 6-10　化合物 19b 对 HepG2 细胞作用 48 h 后的细胞周期分布图

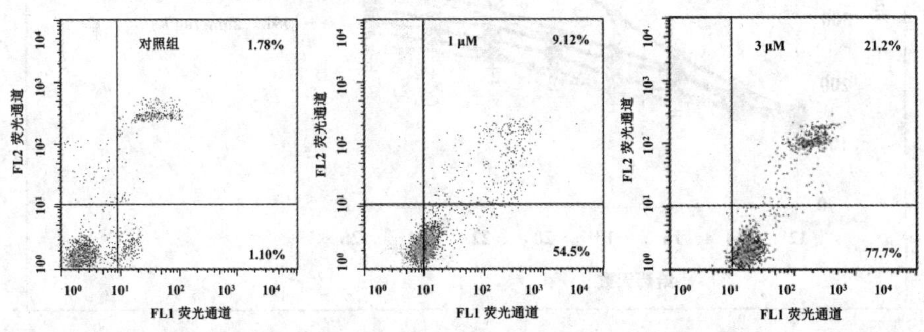

图 6-11　化合物 19b 对 HepG2 细胞作用 24 h 后的凋亡影响

图 6-11 结果显示，HepG2 细胞经过与化合物 19b 作用 24 h 后，早期凋亡和晚期凋亡细胞所占比例均有明显提高，表明化合物 19b 能够诱导人肝癌细胞系 HepG2 细胞的凋亡。给药组 2 个浓度与阴性对照组比较，细胞凋亡率差异具有显著性（$P<0.05$）。

6.4.4 目标化合物 19b 在裸鼠体内抗肿瘤活性试验

荷人肿瘤细胞 HepG2 肿瘤裸鼠的给药方式为腹腔注射，给药剂量为 10 mg/kg/d 和 20 mg/kg/d，连续给药 15d。阴性对照和阳性对照药物索拉非尼和环磷酰胺以同样的方式给药，肿瘤体积隔天量一次。试验结果见图 6-12。化合物 19b 表现出明显的肿瘤增长抑制，与阴性对照相比，体内肿瘤抑制率在 10 mg/kg 和 20 mg/kg 剂量水平时分别达到了 43.88％和 58.26％。剂量同为 10 mg/kg 时，化合物 19b 的体内抗肿瘤抑制效果比阳性对照药物索拉非尼和环磷酰胺都要低一些，但当剂量为 20 mg/kg 时，化合物 19b 的抑制效果比两种阳性对照药物都要好。

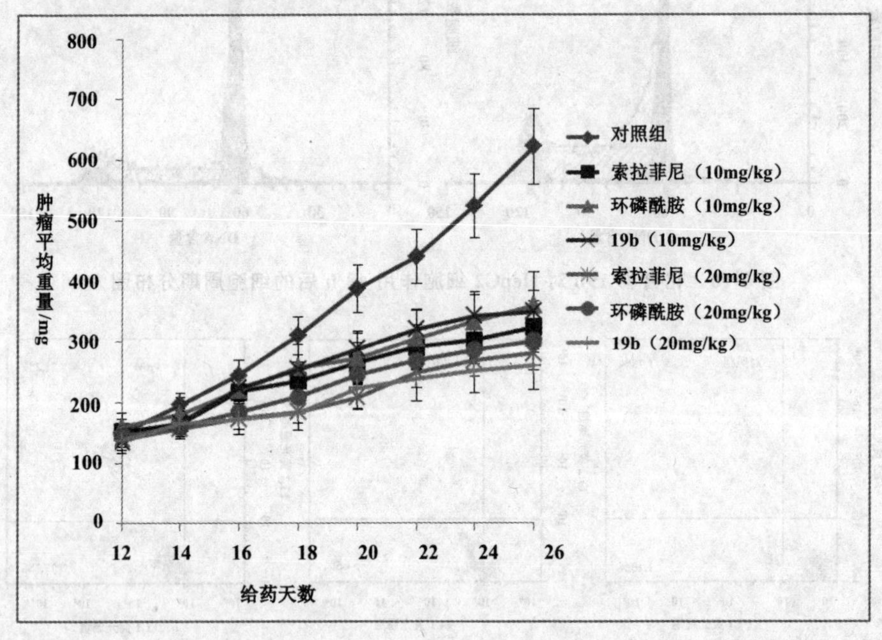

图 6-12 19b 及对照组对荷 HepG2 肿瘤裸鼠异植模型的体内肿瘤抑制效果图

另外，从图 6-13 可以看到，化合物 19b 对裸鼠体重影响程度无论是 10 mg/kg 还是 20 mg/kg 时均比阳性对照药物索拉非尼要大一些，但是比环磷酰胺的影响程度要小，说明化合物 19b 的毒性比索拉非尼稍大，但比环磷酰胺要小。

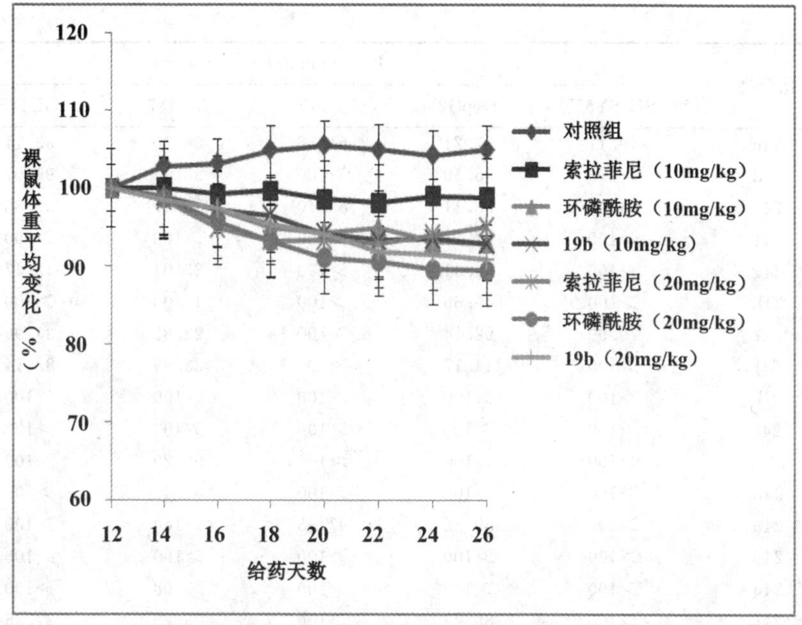

图 6-13 裸鼠异植模型在给药过程中的体重变化图

6.5 系列 3 目标化合物的体外抗肿瘤活性评价

6.5.1 用 MTT 法检测系列 3 目标化合物对五种人肿瘤细胞株的增殖抑制作用

细胞株：A549，SH-SY5Y，HepG2，MCF-7 及 DU145。由表 6.8 可以看出，系列 3 化合物在体外对这五种肿瘤细胞的抑制作用都很弱，大多数化合物几乎没有抑制效果。其中，对 MCF-7 细胞的抑制作用要稍微好一些。系列 3 的体外抑制效果很差，因此，我们对这一系列化合物没有做进一步的研究。

Table 6.8 系列 3 化合物对五种人肿瘤细胞的半抑制浓度

化合物	IC_{50}（μmol/L）				
	SH-SY5Y	HepG2	A549	MCF-7	DU145
24a	＞100	64.25	＞100	77.45	84.43
24b	50.65	39.28	79.54	33.03	42.88

续表

化合物	IC_{50} (μmol/L)				
	SH-SY5Y	HepG2	A549	MCF-7	DU145
24c	49.11	37.21	61.36	28.30	33.11
24d	>100	55.50	>100	33.04	95.07
24e	64.43	52.11	85.40	26.40	37.33
24f	>100	67.17	>100	>100	>100
24g	>100	56.61	>100	23.01	43.47
24h	>100	49.66	>100	41.03	>100
24i	79.90	62.14	>100	25.82	34.96
24j	>100	44.17	>100	33.99	83.14
24k	>100	>100	>100	>100	>100
24l	>100	>100	>100	>100	>100
24m	>100	>100	>100	99.20	>100
24n	>100	>100	>100	84.40	>100
24o	>100	59.38	97.35	>100	>100
24p	>100	>100	>100	>100	>100
24q	>100	>100	>100	75.08	>100
24r	>100	89.44	>100	76.75	27.36
24s	77.93	38.96	75.04	37.95	76.09
索拉非尼	27.71	8.42	19.54	11.34	24.91
美法仑	>100	18.26	43.78	40.59	>100

6.6 系列 1 目标化合物的 3D-QSAR 研究

6.6.1 CoMFA 和 CoMSIA 模型分析

本书中构建 CoMFA 和 CoMSIA 模型时先采用系统搜寻法搜索，然后进行结构优化及分子能量计算，最后利用能量最低构象手动叠合公共骨架。结果如表 6.9 所示。

表 6.9 CoMFA 和 CoMSIA 模型的统计结果

校验参数	NOC	q^2	r^2	SD	F
CoMFA	6	0.630	0.630	0.080	100.424
CoMSIA	5	0.633	0.630	0.108	64.912

NOC：最佳主成分数；q^2：LOO 分析交叉验证相关系数平方；r^2：非交叉验证相关系数平方；SD：预测标准偏差；F：F 测试值。

构建 CoMFA 模型的训练集由 20 个系列 1 目标化合物分子组成，模型的统计参数如表 6.9 所示。CoMFA 模型主要从静电场和立体场阐述场特性。在该模型中，静电场的贡献（36.2%）小于立体场的贡献（63.8%），表明系列 1 化合物分子与受体相互作用时立体场效应占优势。构建 CoMSIA 模型的训练集由同样的 20 个系列 1 目标化合物分子组成，模型的统计参数如表 6.9 所示。CoMSIA 模型从立体场、静电场、疏水场、氢键受体和给体场阐述场特性。静电场的贡献为 36.2%，疏水场的贡献为 38.2%，立体场的贡献为 63.8%，氢键给体和受体场的贡献分别为 15.7%和 0.02%。综合以上结果表明，系列 1 化合物分子与受体相互作用时立体场效应占优势。

6.6.2 CoMFA 和 CoMSIA 模型图形解释

CoMFA 和 CoMSIA 模型图可以很好地预测立体场、静电场、疏水场、氢键受体和给体场的改变对生物活性的影响。图 6-14a～图 6-14g 分别是 CoMFA 和 CoMSIA 模型产生的场贡献等势图，同时选取具有代表性的化合物分子 9b 的结构作为配体参照分子。

CoMFA：立体场（图 6-14a）和静电场（图 6-14b）。绿色代表增大取代基有利，黄色代表增大取代基不利；红色代表增大取代基电负性有利，蓝色代表增大取代基电负性不利。

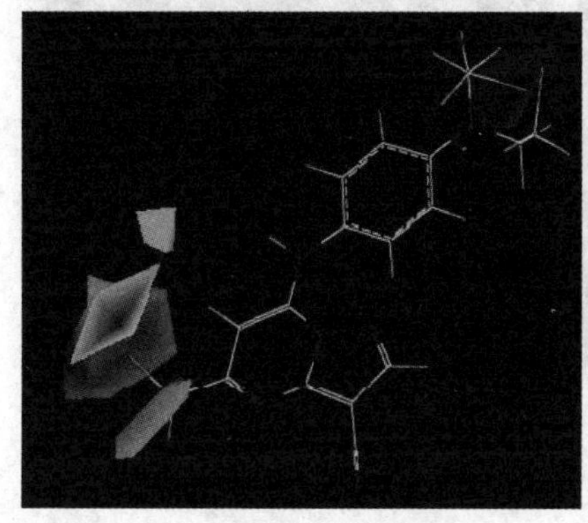

图 6-14a 化合物 9b 的 CoMFA 立体场模型图

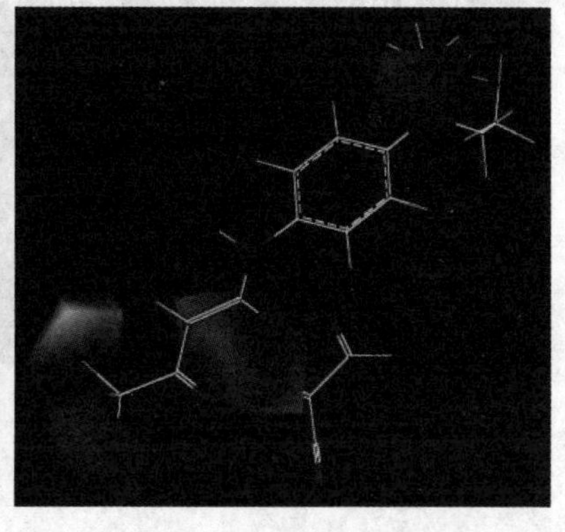

图 6-14b 化合物 9b 的 CoMFA 静电场模型图

CoMSIA：立体场（图 6-14c）和静电场（图 6-14d）：绿色代表增大取代基有利，黄色代表减小取代基有利；红色代表增大电负性有利，蓝色代表减小电负性有利。

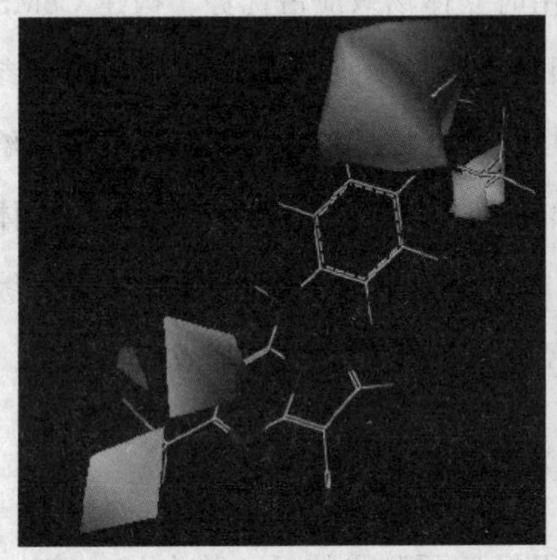

图 6-14c　化合物 9b 的 CoMSIA 立体场模型图

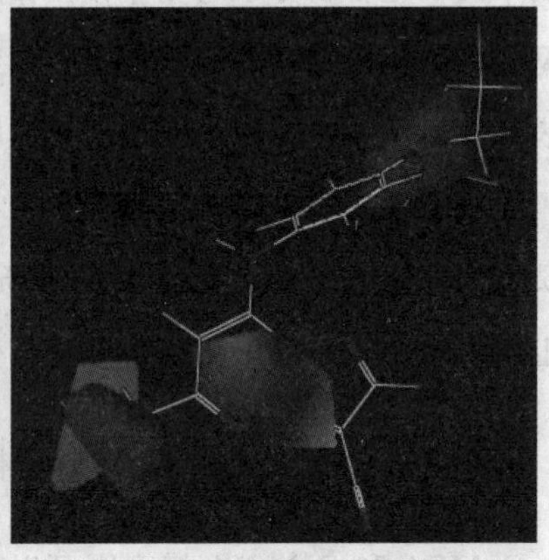

图 6-14d　化合物 9b 的 CoMSIA 静电场模型图

疏水场（图 6-14e）和氢键给体场（图 6-14f）：黄色代表增大疏水性基团有利，白色代表增大亲水性基团有利；青色代表有利的氢键给体位点。

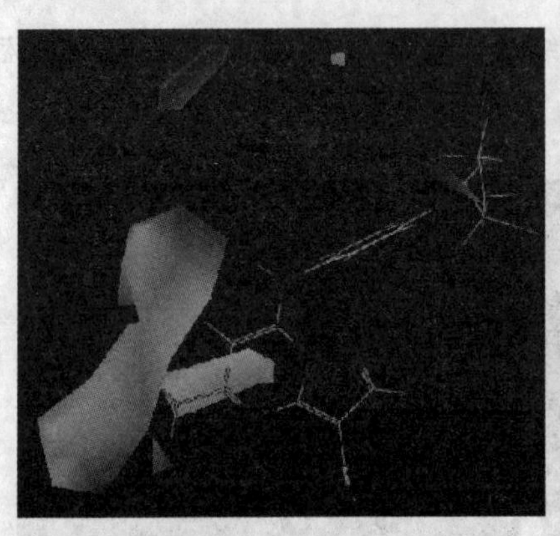

图 6-14e　化合物 9b 的 CoMSIA 疏水场模型图

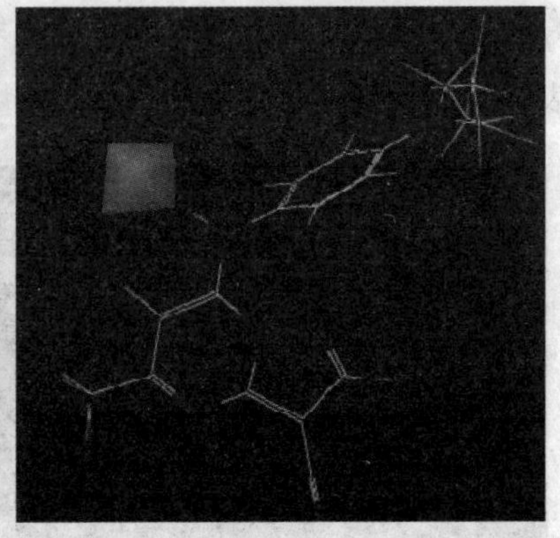

图 6-14f　化合物 9b 的 CoMSIA 氢键给体场模型图

氢键受体场（图 6-14g）：红色和紫色代表有利和不利的氢键受体位点。

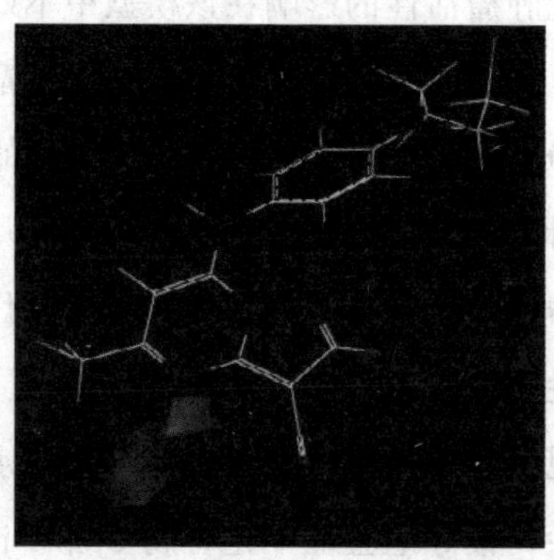

图 6-14g 化合物 9b 的 CoMSIA 氢键受体场模型图

化合物分子的 CoMFA 立体场见图 6-14a，绿色区域指示出增大取代基的体积可以提高化合物分子的体外抗肿瘤活性，黄色区域指示出增大取代基的体积对提高化合物分子的体外抗肿瘤活性不利。从图 6-14a 可见，绿色区域覆盖了吡唑并［1，5-a］嘧啶的 7-苯胺氮芥的对位，这就解释了系列 1 化合物的对位苯胺氮芥取代产物的体外抗肿瘤活性比间位取代好的原因。吡唑并［1，5-a］嘧啶的 5 位同时被绿色和黄色覆盖，取代基体积的大小对化合物的体外抗肿瘤活性的影响不好判断。化合物分子的 CoMFA 静电场见图 6-14b，红色指示出增加取代基的电负性有利于系列 1 化合物的体外抗肿瘤活性，蓝色则代表增加取代基的电负性对化合物的体外抗肿瘤活性不利。从图 6-14b 可见，红色区域覆盖了三个位置，即吡唑并［1，5-a］嘧啶母环及其 5-位以及苯胺氮芥的对位。这就解释了化合物 8h 和 9h（6 位取代基为氯）有较好的体外抗肿瘤活性，而 8i 和 9i（6 位取代基为乙基）的体外抗肿瘤活性较差。

化合物分子的 CoMSIA 立体场见图 6-14c，绿色和黄色区域所代表的与 CoMFA 立体场相同。从图 6-14c 可见，大部分绿色区域覆盖了吡唑并［1，5-a］嘧啶的 7-苯胺氮芥的对位，这与 CoMFA 的立体场结果一致，表明对位苯胺氮芥取代产物的体外抗肿瘤活性比间位取代好，吡唑并［1，5-a］嘧啶的体外抗肿瘤活性好。同样，5 位同时被绿色和黄色覆盖，取代基体积的大小对化合物的体外抗肿瘤活性的影响在该模型中不好判断。化合物分子的 CoMSIA 静电场见图 6-14d，红色和蓝色与 CoMFA 静电场代表意义相同。从图可见，CoMSIA 静电场与 CoMFA 静电场所表示的结果是一致的。化合物分子的 CoMSIA 疏水场见图 6-14e，黄色代表着增大取代基的疏水性对提高化合物的体外抗肿瘤活性有利，白色则代表增大取代基的疏水性对提高化合物的体外抗肿瘤活性不利。从图可见，白色区域覆盖了吡唑并［1，5-a］嘧啶的 5 位和 6 位，说明在这两个位置上若是引入疏水基团则不利于提高化合物的体外抗肿瘤活性，很好地验证了化合物 8j 和 9j（5 位取代基为苯环）几乎没有体外抗肿瘤活性。化合物分子的 CoMSIA 氢键给体场见图 6-14f，青色代表有利于氢键给体的位点。从图可见，青色接近于吡唑并［1，5-a］嘧啶的 7 位取代基，说明在此处若增加氢键给体的数目会有利于提高化合物的体外抗肿瘤活性，说明 7 位的氨基是重要的氢键给体，这与文献报道的吡唑并［1，5-a］嘧啶 7 位氨基的氢可以与 Leu83 上的羰基形成氢键相一致。化合物分子的 CoMSIA 氢键受体场见图 6-14g，洋红色代表着有利的氢键受体位点，而红色则代表不利的氢键受体位点。从图可见，大面积的洋红色在吡唑并［1，5-a］嘧啶的 4 位附近，说明 4 位有氢键受体位点有利于提高化合物的体外抗肿瘤活性。

CoMFA 和 CoMSIA 模型分析结果表明，在吡唑并［1，5-a］嘧啶的 7 位苯环引入大取代基和增大取代基电负性有利于提高抗肿瘤活性，在吡唑并［1，5-a］嘧啶的 5 位引入亲水性的基团有利于提高抗肿瘤活性。该模型的建立验证了化合物的体外抗肿瘤活性，同时对这一类化合物的合成有一定的预测能力。

6.6.3 分子对接分析

对接后的结果能够更好地阐述化合物分子与 CDK2 激酶之间的作用特点，本书研究选用体外抗肿瘤活性最好的化合物 9b 进行细节描述。如图 6-15所示，化合物分子 9b 位于受体的活性口袋，主要通过氢键作用与受体结合。吡唑并［1，5-a］嘧啶母环的 1 位氮原子作为氢键受体，与 LEU83

的氢原子形成氢键。其 7 位的氨基氢原子与 LEU83 的氧原子形成氢键。分子对接结果与文献报道一致。

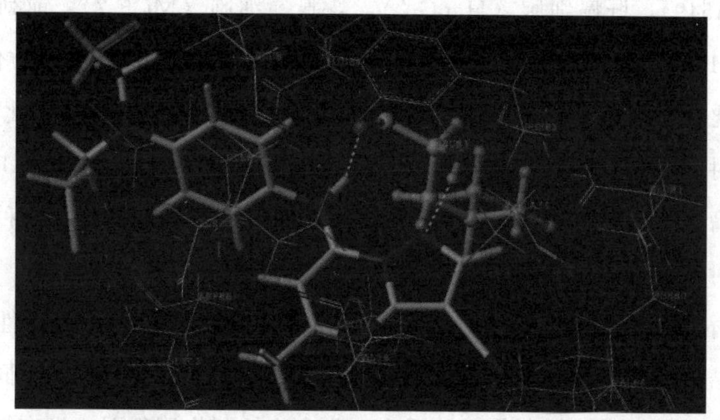

图 6-15　化合物 9b 与 CDK2 蛋白分子对接图

6.7　铂（Ⅱ）配合物的体外抗肿瘤活性评价

6.7.1　用 MTT 法检测铂配合物对三种人肿瘤细胞株的增殖抑制作用

细胞株：SH-SY5Y，MCF-7 及 DU145。

铂（Ⅱ）配合物［PtL1′I］在体外对人常见三种肿瘤细胞的抑制效果一般，而铂（Ⅱ）配合物［PtL2′X_2］的抑制效果很差，因此数据未给出。体外几乎没有抗肿瘤活性可能与这两种类型的配合物溶解度小有一定的关系，所以本书研究没有对这两种类型的铂（Ⅱ）配合物做进一步的研究。通过分析原因，我们今后对该类化合物的合成主要是引入亲水性的基团以增大其水溶性。溶解性能增强应该有利于提高该类化合物的抗肿瘤活性。

6.8　小　结

本章对所设计合成的含氮芥功能团的 3 个系列目标化合物的生物活性进

行了初步研究。用 MTT 法对目标化合物进行了体外抗肿瘤活性的初步筛选。所用细胞株是常见的五种人肿瘤细胞：神经母细胞（SH-SY5Y），肺癌细胞（A549），肝癌细胞（HepG-2），乳腺癌细胞（MCF-7），前列腺癌细胞（DU145）。筛选出了一些在体外对肿瘤增殖有明显抑制作用的化合物，对这些化合物进行了正常细胞的毒性评估。用流式细胞仪检测了化合物 9b 和 19b 对 HepG2 细胞的细胞周期和凋亡影响。为评价化合物 9b 和 19b 在体内对肿瘤增殖的影响，我们建立了荷人 HepG-2 肿瘤细胞的裸鼠异种移植模型。现对本章内容总结如下：

1. 本书研究用 MTT 法对所合成的目标化合物进行了体外活性的初步筛选，结果表明，氮芥类化合物系列 1 和系列 2 大部分化合物对不同肿瘤细胞的增殖具有很强的抑制作用，系列 3 化合物抑制作用很弱或没有效果。本书研究中的铂（Ⅱ）配合物对不同肿瘤细胞的增殖几乎没有抑制效果。

2. 从氮芥类化合物系列 1 和系列 2 中分别选出了一个对肿瘤细胞有明显抑制作用的化合物 9b 和 19b，通过流式细胞仪检测发现两者均能引起 HepG2 细胞的细胞周期阻滞和细胞凋亡。

3. 氮芥类化合物系列 1 目标化合物 9b 的急毒试验结果表明 9b 具有较低的毒性，其 LD_{50} 值为 112.8 mg/kg。

4. 氮芥类化合物 9b 和 19b 在人肝癌细胞系 HepG2 裸鼠肿瘤模型中具有很好的抑制肿瘤生长的作用。

5. 对氮芥类化合物中系列 1 的 20 个化合物分子进行了 3D-QSAR 研究，获得了基于配体的 3D-QSAR 模型，阐述了系列 1 化合物分子结构与体外抗肿瘤活性间的关系。

6. 采用柔性对接方法将系列 1 中化合物 9b 分子成功地对接到 CDK2 激酶活性位点并得到最合理的活性构象，直观观察到化合物 9b 分子在 CDK2 激酶活性位点的作用特征。

第 7 章　放射性标记前体和配体的合成研究

7.1　放射性核素显像及设计思路

放射性药物是指供医学诊断和治疗用的含有放射性核素标记的化合物或生物制剂，在肿瘤的治疗过程中，对肿瘤的早期诊断具有非常重要的意义。以放射性核素为基础的分子显像技术如正电子发射断层扫描术（PET）和单光子发射断层扫描术（SPECT），在显像诊断早期肿瘤时具有很大的潜力和开发前景。放射性核素显像能够显示出病灶的部位、形态及其大小，并且能够反映肿瘤的代谢及功能情况，对于区分良、恶性肿瘤和判断肿瘤是否复发以及预后恢复均具有重大意义。^{99m}Tc 和^{125}I 标记的肿瘤放射性药物作为肿瘤显像剂取得了很大的进展，主要包括单克隆抗体肿瘤显像剂、代谢类显像剂、小分子多肽肿瘤显像剂、肿瘤受体显像剂、肿瘤乏氧组织显像剂及肿瘤新生血管显像剂等[115－124]。其中，^{99m}Tc 标记的肿瘤显像剂已有多种应用于临床，比如^{99m}Tc-莫诺非莫单抗锝（^{99m}Tc），^{99m}锝-甲氧基异丁基异腈，^{99m}得替曲膦等。虽然放射性^{99m}Tc 和^{125}I 的标记研究取得了一定的成果，但是寻找特异性和靶向定位好的示踪剂仍然是一项重要研究课题。

喹唑啉类化合物具有良好的生物活性，无论在化学还是生物学界都受到广泛的关注。研究表明，90%的肿瘤细胞表面都有表皮生长因子（EGFR）高表达，越来越多的研究把表皮生长因子酪氨酸激酶（EGFR-TK）作为肿瘤治疗的靶点。喹唑啉类化合物是很好的 EGFR 抑制剂，其中，吉非替尼、埃罗替尼和拉帕替尼等均是临床常用的抗肿瘤药物。

本研究过程中发现吡唑并［1，5a］嘧啶连上苯胺氮芥基团之后在体外对不同种肿瘤有明显的抑制作用，在体内对肿瘤异种移植物的抑制效果也很明显，因此，我们选取了其中效果较好的化合物预进行放射性^{125}I标记。此外，基于喹唑啉类化合物对EGFR-TK良好的抑制活性，我们合成了喹唑啉类配体，预对其进行^{99m}Tc标记，以期得到生物活性优良的肿瘤显像剂。

7.2 吡唑并［1，5-a］嘧啶标记前体的设计

吡唑并嘧啶类前体的设计合成路线如下。

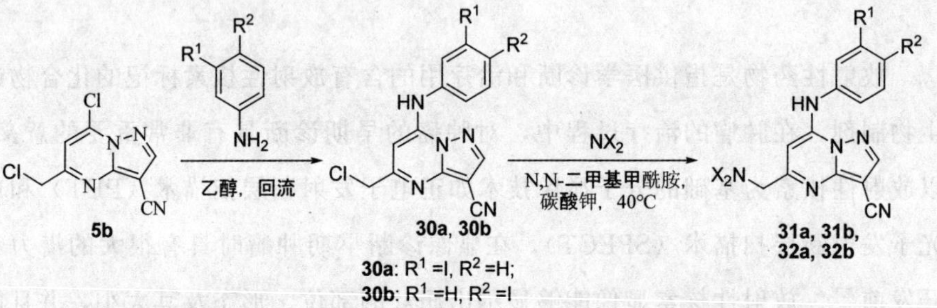

图7-1 吡唑并嘧啶前体化合物的设计合成路线

表7-1 吡唑并嘧啶前体化合物的取代基

化合物	NX$_2$	R^1	R^2
31a	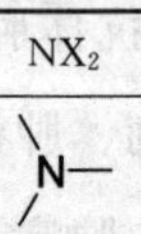 N(CH$_3$)$_2$	I	H
31b	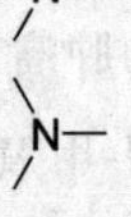 N(CH$_3$)$_2$	H	I
32a	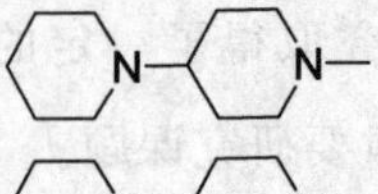 4-(4-甲基哌嗪-1-基)哌啶-1-基	I	H
32b	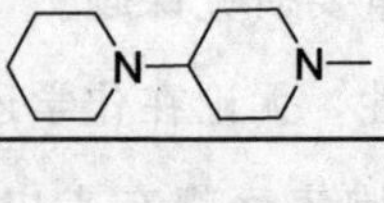 4-(4-甲基哌嗪-1-基)哌啶-1-基	H	I

7.3 喹唑啉类化合物配体的设计

喹唑啉类配体的设计合成路线如下。

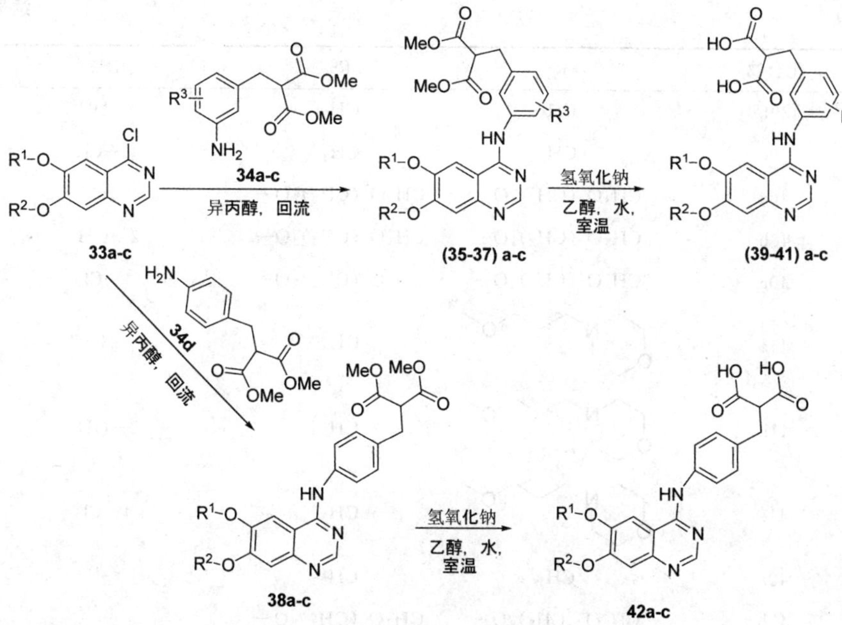

图 7－2　喹唑啉类配体化合物的设计合成路线

表 7－2　喹唑啉类配体化合物的取代基

化合物	R^1	R^2	R^3
35a	CH_3	CH_3	H
35b	CH_3	CH_3	2—OH
35c	CH_3	CH_3	4—Cl
36a	$CH_3O\ (CH_2)_2O$—	$CH_3O\ (CH_2)_2O$—	H
36b	$CH_3O\ (CH_2)_2O$—	$CH_3O\ (CH_2)_2O$—	2—OH
36c	$CH_3O\ (CH_2)_2O$—	$CH_3O\ (CH_2)_2O$—	4—Cl
37a	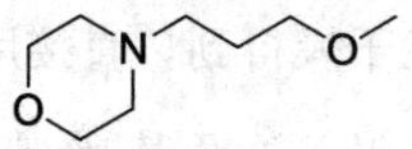 (morpholinyl-propoxy structure)	CH_3	H
37b	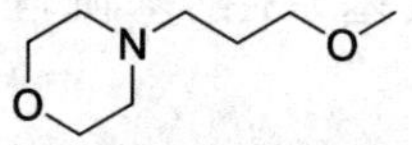 (morpholinyl-propoxy structure)	CH_3	2—OH
37c	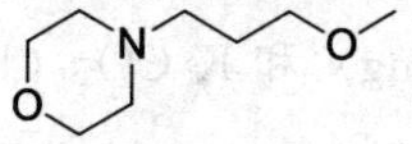 (morpholinyl-propoxy structure)	CH_3	4—Cl
38a	CH_3	CH_3	—
38b	$CH_3O\ (CH_2)_2O$—	$CH_3O\ (CH_2)_2O$—	—
38c	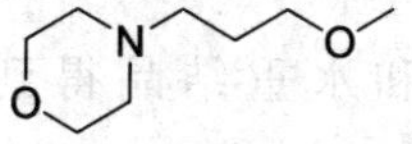 (morpholinyl-propoxy structure)	CH_3	—
39a	CH_3	CH_3	H

续表

化合物	R^1	R^2	R^3
39b	CH_3	CH_3	2—OH
39c	CH_3	CH_3	4—Cl
40a	$CH_3O\ (CH_2)_2O$—	$CH_3O\ (CH_2)_2O$—	H
40b	$CH_3O\ (CH_2)_2O$—	$CH_3O\ (CH_2)_2O$—	2—OH
40c	$CH_3O\ (CH_2)_2O$—	$CH_3O\ (CH_2)_2O$—	4—Cl
41a	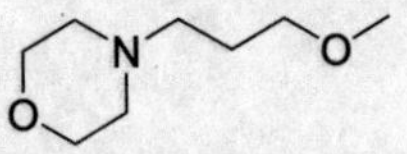	CH_3	H
41b	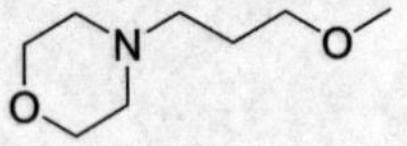	CH_3	2—OH
41c	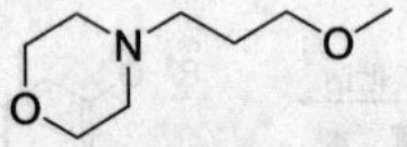	CH_3	4—Cl
42a	CH_3	CH_3	—
42b	$CH_3O\ (CH_2)_2O$—	$CH_3O\ (CH_2)_2O$—	—
42c	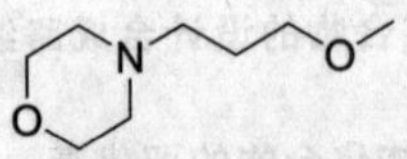	CH_3	—

7.4 吡唑并［1，5a］嘧啶类标记前体的合成

目标化合物 31a，31b，32a，32b 的合成如下。

其中 30a 和 30b 由化合物 5b 分别与 3-碘苯胺和 4-碘苯胺按照物质的量比 1∶1 的量在乙醇中加热回流2～3h 后抽滤干燥得到，直接用于下一步反应。

(1) 5-二甲胺基甲基-7-(3-碘苯氨基)-3-氰基吡唑并［1，5a］嘧啶（31a）

将二甲胺盐酸盐（1.5 mmol，121 mg）和 K_2CO_3（1.5 mmol，207 mg）加入到 2mL DMF 中，室温搅拌 20min。然后加入化合物 30a（0.5 mmol，204 mg），在 40 ℃条件下搅拌 2h，TLC 检测反应完全后降至室温，加入冷水析出固体。抽滤后的固体用乙醇和水重结晶得到产物 31a（产率：82.3%）。^1H NMR（400 MHz，$CDCl_3$）：δ 8.20（s，1H，—CH），8.00（s，

1H，—NH)，7.67 (s，1H，ArH)，7.61 (d，J=7.88 Hz，1H，ArH)，7.30 (d，J=6.96 Hz，1H，ArH)，7.16 (t，J=7.96 Hz，1H，ArH)，6.75 (s，1H，—NH)，3.53 (s，2H，—CH_2)，2.24 (s，6H，—CH_3)。MS (ESI$^+$) m/z：418.9 $[M+H]^+$。

(2) 5-二甲胺基甲基-7-(4-碘苯氨基)-3-氰基吡唑并［1，5a］嘧啶 (31b)

合成方法同化合物 31a。^1H NMR (400 MHz，$CDCl_3$)：δ 8.27 (s，1H，—CH)，8.12 (s，1H，—NH)，7.82 (d，J = 8.68 Hz，2H，ArH)，7.14 (d，J = 8.72 Hz，2H，ArH)，6.82 (s，1H，—NH)，3.58 (s，2H，—CH_2)，2.29 (s，6H，—CH_3)。^1H NMR (400 MHz，DMSO)：δ 164.30，162.28，150.67，146.57，146.18，138.26，136.68，126.77，114.15，91.09，88.44，78.86，64.74，45.23。MS (ESI$^+$) m/z：419.3 $[M+H]^+$。

(3) 5-(-哌啶基哌啶) 甲基-7-(3-碘苯氨基)-3-氰基吡唑并［1，5a］嘧啶 (32a)

合成方法同化合物 31a。^1H NMR (400 MHz，$CDCl_3$)：δ 8.27 (s，1H，—CH)，7.77 (s，1H，—ArH)，7.68 (d，J=7.60 Hz，1H，ArH)，7.34 (d，J=7.72 Hz，1H，ArH)，7.23 (t，J=7.92 Hz，1H，ArH)，6.93 (s，1H，—NH)，3.63 (s，2H，—CH_2)，2.93 (d，J=11.64 Hz，2H，—CH_2)，2.53 (s，4H，—CH_2)，2.28 (t，J=10.52 Hz，1H，—CH)，2.16 (t，J=11.28 Hz，2H，—CH_2)，1.83 (d，J=11.40 Hz，2H，—CH_2)，1.59 (s，6H，—CH_2)，1.44 (s，2H，—CH_2)。MS (ESI$^+$) m/z：542.3 $[M+H]^+$。

(4) 5-(-哌啶基哌啶) 甲基-7-(3-碘苯氨基)-3-氰基吡唑并［1，5a］嘧啶 (32b)

合成方法同化合物 31a。^1H NMR (400 MHz，$CDCl_3$)：δ 8.27 (s，1H，—CH)，7.82 (d，J = 8.68 Hz，2H，ArH)，7.13 (d，J = 8.72 Hz，2H，ArH)，6.88 (s，1H，—NH)，3.62 (s，2H，—CH_2)，2.91 (d，J=11.72 Hz，2H，—CH_2)，2.51 (s，4H，—CH_2)，2.22 (t，J = 7.92 Hz，1H，—CH)，2.18 (t，J=8.00 Hz，2H，—CH_2)，1.82 (d，J=12.28 Hz，2H，

—CH_2)，1.52~1.63 (m，8H，—CH_2)。MS (ESI^+) m/z：542.3 $[M+H]^+$。

7.5 喹唑啉类配体的合成

目标化合物的合成路线如下。

2-(3-氨基苯基) 丙二酸二甲酯 (34a)，2-(3-氨基-4-羟基苯基) 丙二酸二甲酯 (34b)，2-(5-氨基-2-氯苯基) 丙二酸二甲酯 (34c) 和 2-(-氨基苯基) 丙二酸二甲酯 (34d) 的合成参照文献方法合成[125]。

(1) 2-((3-(6，7-甲氧基喹唑啉-4-氨基) 苯基) 甲基) 丙二酸二甲酯 (35a)

在 25mL 的圆形瓶中加入化合物 33a (2 mmol，448 mg)，化合物 34a (3 mmol，711 mg) 和 15mL 乙醇。混合物加热至回流，TLC 检测 2h 后反应完毕，将反应体系冷却至室温，得到类白色沉淀，抽滤，用乙醇洗涤，干燥，得到类白色固体产物 35a。^1H NMR (400 MHz，DMSO)：δ 8.81 (s，1H，—CH)，8.21 (s，1H，—NH)，7.53 (t，$J=7.80$ Hz，1H，ArH)，7.41 (t，$J=7.72$ Hz，1H，ArH)，7.32 (s，1H，—ArII)，7.18 (d，$J=7.48$ Hz，1H，ArH)，4.00 (s，6H，—CH_3)，3.93 (t，$J=8.00$ Hz，1H，CH)，3.64 (s，6H，—CH_3)，3.15 (d，$J=7.08$ Hz，2H，—CH_2)。^{13}C NMR (100 MHz，DMSO)：δ168.71，158.15，156.22，150.15，148.53，138.29，136.90，135.60，128.68，126.60，125.07，125.07，123.32，107.19，104.08，99.71，56.95，56.40，52.52，52.40，33.96。MS (ESI^+) m/z：426.1 $[M+H]^+$。

(2) 2-((3-(6，7-甲氧基喹唑啉-4-氨基)-4-羟基苯基) 甲基) 丙二酸二甲酯 (35b)

合成方法同化合物 35a。^1H NMR (400 MHz，DMSO)：δ 10.94 (s，1H，—OH)，9.78 (s，1H，—NH)，8.71 (s，1H，—ArH)，8.15 (s，1H，—ArH)，7.32 (s，1H，ArH)，7.14 (s，1H，ArH)，7.06 (d，$J=8.36$ Hz，1H，ArH)，6.93 (d，$J=8.32$ Hz，1H，ArH)，3.99 (s，6H，—CH_3)，

3.82（t，J=7.92 Hz，1H，CH），3.62（s，6H，—CH_3），3.03（d，J=7.88 Hz，2H，—CH_2）。^{13}C NMR（100 MHz，$CDCl_3$）：δ 174.06，163.15，161.38，156.53，155.30，153.74，151.63，134.06，133.58，133.33，128.66，121.84，112.12，109.20，106.29，61.94，61.64，58.12，57.57，38.43。MS（ESI^+）m/z：442.4 $[M+H]^+$。

(3) 2-((2-氯-5-(6，7-甲氧基喹唑啉-4-氨基）苯基）甲基）丙二酸二甲酯（35c）

合成方法同化合物35a。^1H NMR（400 MHz，DMSO）：δ 8.82（s，1H，—CH），8.21（s，1H，—ArH），7.63～7.68（m，2H，ArH），7.52（d，J=8.56 Hz，1H，ArH），7.33（s，1H，ArH），4.01（s，6H，—CH_3），3.90（t，J=7.84 Hz，1H，CH），3.66（s，6H，—CH_3），3.27（d，J=7.80 Hz，2H，—CH_2）。^{13}C NMR（100 MHz，$CDCl_3$）：δ 173.95，163.43，161.52，155.44，153.82，143.57，142.17，140.77，133.94，131.86，130.32，128.56，112.46，109.34，105.03，62.19，61.67，57.78，57.65，39.22。MS（ESI^+）m/z：460.3 $[M+H]^+$。

(4) 2-((3-(6，7-二（2-甲氧乙氧基喹唑啉-4-氨基）苯基）甲基）丙二酸二甲酯（36a）

合成方法同化合物35a。^1H NMR（400 MHz，DMSO）：δ 8.74（s，1H，—CH），8.09（s，1H，—ArH），7.55（d，J=8.00 Hz，1H，ArH），7.51（s，1H，—ArH），7.40（t，J=7.8 Hz，1H，ArH），7.28（s，1H，ArH），7.16（d，J=7.36 Hz，1H，ArH），4.34（t，J=8.56 Hz，4H，CH_2），3.91（t，J=7.96 Hz，1H，CH），3.78（t，J=7.96 Hz，4H，CH_2），3.63（s，6H，—CH_3），3.36（s，6H，—CH_3），3.15（d，J=7.92 Hz，2H，—CH_2）。^{13}C NMR（100 MHz，DMSO）：δ 168.71，158.12，155.55，149.32，148.56，138.27，136.89，135.41，128.66，126.57，125.02，123.27，107.21，105.17，100.67，69.87，69.74，69.00，68.72，58.37，58.32，52.52，52.40，33.96。MS（ESI^+）m/z：514.5 $[M+H]^+$。

(5) 2-((3-(6，7-二（2-甲氧乙氧基喹唑啉-4-氨基）-4-羟基苯基）甲基）

丙二酸二甲酯（36b）

合成方法同化合物35a。^1H NMR（400 MHz，DMSO）：δ 10.16（s，1H，—OH），8.16（s，1H，—CH），7.91（s，1H，—NH），7.28（s，1H，—ArH），6.89～6.99（m，2H，—ArH），4.40（s，2H，CH_2），4.16（s，2H，CH_2），3.67（s，4H，CH_2），3.77（s，6H，CH_3），361（t，J=7.72 Hz，1H，CH），3.43（s，6H，—CH_3），3.10（d，J=7.40 Hz，2H，—CH_2）。^{13}C NMR（100 MHz，$CDCl_3$）：δ 168.33，154.97，153.76，150.90，148.01，147.16，148.75，128.55，126.60，125.58，122.71，118.65，107.99，102.15，69.84，69.38，68.04，67.36，58.17，58.11，52.70，51.57，32.96。MS（ESI^+）m/z：530.5 $[M+H]^+$。

(6) 2-((5-(6，7-二（2-甲氧乙氧基喹唑啉-4-氨基）-2-氯苯基）甲基）丙二酸二甲酯（36c）

合成方法同化合物35a。^1H NMR（400 MHz，DMSO）：δ 8.56（s，1H，—CH），7.71（d，J=8.60 Hz，1H，—ArH），7.45（s，1H，—ArH），7.30（d，J=8.68 Hz，1H，—ArH），7.14～7.24（m，4H，—ArH），4.20～4.27（m，4H，CH_2），3.83（t，J=7.68 Hz，1H，CH），3.80（t，J=9.24 Hz，1H，CH_2），3.65（s，6H，CH_3），3.41（s，6H，—CH_3），3.28（d，J=7.72 Hz，2H，—CH_2）。^{13}C NMR（100 MHz，$CDCl_3$）：δ 168.18，155.24，153.52，152.43，147.87，146.40，136.70，134.62，128.86，127.70，116.68，114.07，108.22，107.71，101.60，69.91，68.14，58.24，51.69，50.13，31.85。MS（ESI^+）m/z：548.4 $[M+H]^+$。

(7) 2-((3-(7-甲氧基-6-(3-吗啉代丙基）喹唑啉-4-氨基）苯基）甲基）丙二酸二甲酯（37a）

合成方法同化合物35a。^1H NMR（400 MHz，$CDCl_3$）：δ 8.54（s，1H，—CH），8.01（s，1H，—ArH），7.71（t，J=8.40 Hz，1H，—ArH），7.29（m，2H，—ArH），7.00（s，1H，—ArH），4.44（t，J=6.6 Hz，2H，CH_2），4.04（s，4H，CH_2），3.92（s，3H，CH_2），3.74（t，J=7.80 Hz，1H，—CH），3.71（s，6H，CH_3），3.25（d，J=7.72 Hz，2H，—CH_2），3.10～

3.20（m，6H，—CH_2），2.34～2.41（m，2H，—CH_2）。^{13}C NMR（100 MHz，$CDCl_3$）：δ 168.76，159.65，154.86，151.50，148.01，143.42，138.73，137.88，128.39，124.43，123.49，121.55，108.33，104.86，104.36，66.92，63.27，56.02，53.68，52.66，52.37，51.16，34.12，22.91。MS（ESI^+）m/z：426.98 $[M+H]^+$。

（8）2-((4 羟基-3-(7-甲氧基-6-(3-吗啉代丙基）喹唑啉-4-氨基）苯基）甲基）丙二酸二甲酯（37b）

合成方法同化合物 35a。^{1}H NMR（400 MHz，$CDCl_3$）：δ 8.40（s，1H，—CH），7.77（s，1H，—NH），7.18（d，J=7.52 Hz，1H，—ArH），6.91～6.97（m，2H，—ArH），4.20（t，J=6.88 Hz，2H，CH_2），3.94（s，3H，CH_3），3.59～68（m，11H，CH_2 和 CH），3.09（d，J = 7.80 Hz，2H，CH_2），2.53（d，J=6.88 Hz，2H，CH_2），2.44（s，4H，CH_2），2.08（t，J=6.84 Hz，2H，—CH_2）。MS（ESI^+）m/z：555.2 $[M+H]^+$。

（9）2-((2-氯-5-（7-甲氧基-6-(3-吗啉代丙基）喹唑啉-4-氨基）苯基）甲基）丙二酸二甲酯（37c）

合成方法同化合物 35a。^{1}H NMR（400 MHz，$CDCl_3$）：δ 8.59（s，1H，—CH），8.01（s，1H，—NH），7.87（s，1H，—ArH），7.79（d，J=8.64 Hz，1H，—ArH），7.31（d，J = 8.64 Hz，1H，—ArH），7.26（s，1H，—ArH），4.41（t，J=6.72 Hz，2H，—CH_2），4.04（s，4H，—CH_2），3.96（s，3H，—CH_3），3.92（t，J=7.76 Hz，1H，—CH），3.72（s，6H，CH_3），3.34（d，J=7.72 Hz，2H，CH_2），3.10～3.17（m，6H，CH_2），2.33～2.41（m，2H，CH_2）。MS（ESI^+）m/z：573.5 $[M+H]^+$。

（10）2-((4-(6，7-甲氧基喹唑啉-4-氨基）苯基）甲基）丙二酸二甲酯（38a）

合成方法同化合物 35a。^{1}H NMR（400 MHz，DMSO）：δ 11.22（s，1H，—OH），8.78（s，1H，—CH），8.27（s，1H，—NH），7.59（d，J=8.32 Hz，2H，—ArH），7.59（t，J=8.32 Hz，2H，—ArH），7.31～7.35（m，3H，—ArH），4.32～4.37（m，4H，—CH_2），3.93（t，J=8.00 Hz，1H，

—CH），3.78（s，4H，CH_2），3.63（s，6H，CH_3），3.14（d，J=7.88 Hz，2H，CH_2）。^{13}C NMR（100 MHz，DMSO）：δ 166.76，157.97，155.47，149.28，148.44，135.61，135.41，135.21，128.84，124.70，107.22，105.31，100.57，69.89，69.73，69.08，68.69，58.37，58.31，52.57，52.33，33.62。MS（ESI^+）m/z：426.17 $[M+H]^+$。

(11) 2-((4-(6，7-二（2-甲氧乙氧基喹唑啉-4-氨基）苯基）甲基）丙二酸二甲酯（38b）

合成方法同化合物 35a。^{1}H NMR（400 MHz，DMSO）：δ 11.22（s，1H，—OH），8.78（s，1H，—CH），8.28（s，1H，—NH），7.59（d，J=8.12 Hz，2H，—ArH），7.33（d，J=8.08 Hz，3H，—ArH），7.31（s，1H，—ArH），4.32～4.37（m，4H，—CH_2），3.93（t，J=8.00 Hz，1H，—CH），3.78（s，4H，CH_2），3.64（s，6H，CH_3），3.36（s，6H，CH_3），3.14（d，J=7.88 Hz，2H，CH_2）。^{13}C NMR（100 MHz，DMSO）：δ 168.76，157.97，155.47，149.28，148.44，135.41，128.84，124.70，107.22，105.31，100.57，69.89，69.73，69.08，68.69，58.37，58.31，52.57，52.33，33.62。MS（ESI^+）m/z：514.5 $[M+H]^+$。

(12) 2-((4-（7-甲氧基-6-(3-吗啉代丙基）喹唑啉-4-氨基）苯基）甲基）丙二酸二甲酯（38c）

合成方法同化合物 35a。^{1}H NMR（400 MHz，$CDCl_3$）：δ 8.64（s，1H，—CH），7.61（d，J=8.36 Hz，2H，—ArH），7.20～7.25（m，4H，—ArH），7.08（s，1H，—ArH），4.19（t，J=8.00 Hz，1H，—CH），3.99（s，3H，CH_3），3.73（s，10H，CH_3和 CH_2），3.67（t，J=8.00 Hz，1H，—CH），3.23（d，J=8.00 Hz，2H，—CH_2），2.58（t，J=8.00 Hz，2H，—CH_2），2.49（s，4H，CH_2），2.08～2.14（m，2H，CH_2）。^{13}C NMR（100 MHz，$CDCl_3$）：δ169.16，156.51，155.03，153.59，148.86，147.34，137.46，133.55，129.31，122.09，109.19，107.73，101.27，67.52，66.83，56.06，55.27，53.64，53.58，52.53，34.16，26.07。MS（ESI^+）m/z：539.6 $[M+H]^+$。

（13）2-((3-(6，7-甲氧基喹唑啉-4-氨基）苯基）甲基）丙二酸（39a）

将化合物 35a（1 mmol，425 mg）加入到 8mL 乙醇中溶解，然后滴加 NaOH（4 mmol，160 mg）水溶液 2mL。室温搅拌，TLC 检测反应完全后，用 1 mol/L 的 HCl 调节 pH 值至中性，析出白色固体，抽滤得到白色目标产物。^{1}H NMR（400 MHz，DMSO）：δ 9.57（s，1H，—NH），8.48（s，1H，—CH），7.87（s，1H，—ArH），7.73（d，J=7.96 Hz，1H，ArH），7.57（d，J=9.00 Hz，1H，ArH），7.31（t，J=7.84 Hz，1H，ArH），7.19（s，1H，—ArH），6.99（d，J=7.36 Hz，1H，ArH），3.95（s，6H，—CH_3），3.58（t，J=7.68 Hz，1H，CH），3.07（d，J=7.56 Hz，2H，—CH_2）。^{13}C NMR（100 MHz，DMSO）：δ 170.35，156.47，154.34，152.43，148.93，145.81，139.14，138.92，128.26，123.92，122.68，120.76，108.68，106.42，102.07，56.24，55.78，53.20，34.27。MS（ESI$^+$）m/z：414.3 [M+H]$^+$。

（14）2-((3-(6，7-甲氧基喹唑啉-4-氨基)-4-羟基苯基）甲基）丙二酸（39b）

合成方法同化合物 39a。^{1}H NMR（400 MHz，DMSO）：δ 9.47（s，1H，—OH），8.38（s，1H，—NH），7.88（s，1H，—CH），7.22（s，1H，—ArH），7.17（s，1H，—ArH），6.96～6.99（m，1H，ArH），6.85（d，J=8.24 Hz，1H，ArH），3.94（s，6H，—CH_3），3.49（t，J=7.64 Hz，1H，CH），2.98（d，J=7.60 Hz，2H，—CH_2）。^{13}C NMR（100 MHz，DMSO）：δ 170.39，157.29，154.49，151.97，149.98，148.93，144.89，129.20，127.01，126.97，125.95，116.96，108.39，106.06，102.53，56.19，55.85，53.45，33.40。MS（ESI$^+$）m/z：414.3 [M+H]$^+$。

（15）2-((2-氯-5-(6，7-甲氧基喹唑啉-4-氨基）苯基）甲基）丙二酸（39c）

合成方法同化合物 35a。^{1}H NMR（400 MHz，DMSO）：δ 8.61（s，1H，—NH），7.97（s，1H，—CH），7.73～7.79（m，2H，ArH），7.48（d，J=8.68 Hz，1H，ArH），7.24（s，1H，ArH），3.98（s，6H，—CH_3），3.65

(t，J=7.68 Hz，1H，CH)，3.19 (d，J=6.68 Hz，2H，—CH_2)。^{13}C NMR (100 MHz，$CDCl_3$)：δ 175.54，161.70，159.58，157.81，154.18，151.39，144.47，144.18，133.52，129.11，127.86，125.95，113.99，111.91，187.29，61.48，61.04，58.46，45.38，45.18，44.97，44.76，44.55，44.34，44.13，39.52，5.29。MS (ESI$^+$) m/z：555.5 [M+H]$^+$。

(16) 2-((3-(6，7-二(2-甲氧乙氧基喹唑啉-4-氨基)苯基)甲基)丙二酸 (40a)

合成方法同化合物 39a。^{1}H NMR (400 MHz，DMSO)：δ 8.64 (s，1H，—NH)，7.88 (s，1H，—CH)，7.72 (d，J=7.08 Hz，1H，—ArH)，7.58 (d，J=9.20 Hz，1H，ArH)，7.30 (t，J=7.72 Hz，1H，ArH)，7.21 (s，1H，ArH)，6.99 (d，J=7.64 Hz，1H，ArH)，4.28 (m，4H，CH_2)，3.76 (t，J=9.44 Hz，4H，CH_2)，3.57 (t，J=7.68 Hz，1H，CH)，3.37 (s，6H，—CH_3)，3.08 (d，J=7.64 Hz，2H，—CH_2)。^{13}C NMR (100 MHz，$CDCl_3$)：δ 170.36，156.52，153.72，152.44，148.12，145.67，139.11，138.92，128.21，123.92，122.71，120.75，108.76，107.39，103.66，70.10，70.00，68.48，68.07，58.33，58.30，53.13，34.27。MS (ESI$^+$) m/z：486.4 [M+H]$^+$。

(17) 2-((3-(6，7-二(2-甲氧乙氧基喹唑啉-4-氨基)-4-羟基苯基)甲基)丙二酸 (40b)

合成方法同化合物 39a。^{1}H NMR (400 MHz，DMSO)：δ 8.36 (s，1H，—NH)，7.89 (s，1H，—CH)，7.24 (s，1H，—ArH)，7.20 (s，1H，—ArH)，6.96～6.99 (m，1H，—ArH)，6.86 (d，J = 8.24 Hz，1H，—ArH)，4.40 (s，4H，CH_2)，3.76～3.78 (m，4H，CH_2)，3.61 (t，J=7.76 Hz，1H，CH)，3.35 (s，6H，—CH_3)，2.97 (d，J=7.76 Hz，2H，—CH_2)。^{13}C NMR (100 MHz，DMSO)：δ 170.45，157.28，153.86，151.96，149.95，149.92，148.11，144.65，129.22，126.98，125.90，116.99，108.43，106.99，103.90，70.05，70.00，68.36，68.11，58.32，58.31，53.43，33.42。MS (ESI$^+$) m/z：502.4 [M+H]$^+$。

(18) 2-((5-(6，7-二（2-甲氧乙氧基喹唑啉-4-氨基）-2-氯苯基）甲基）丙二酸（40c）

合成方法同化合物 39a。^{1}H NMR（400 MHz，DMSO）：δ 8.55（s，1H，—NH），7.90（s，1H，—CH），7.73（d，J=9.08 Hz，2H，—ArH），7.48（d，J=8.36 Hz，1H，—ArH），7.24（s，1H，—ArH），4.31（m，4H，CH_2），3.37（s，6H，CH_3），3.19（s，2H，—CH_2）。^{13}C NMR（100 MHz，DMSO）：δ169.85，156.57，154.18，151.60，148.43，137.85，135.72，129.11，127.70，124.80，124.31，122.67，108.47，106.15，103.80，70.04，69.94，68.59，68.21，58.34，58.32，51.35，32.20。MS（ESI^+）m/z：520.4 $[M+H]^+$。

(19) 2-((3-(7-甲氧基-6-(3-吗啉代丙基）喹唑啉-4-氨基）苯基）甲基）丙二酸（41a）

合成方法同化合物 39a。^{1}H NMR（400 MHz，D_2O）：δ 8.07（s，1H，—CH），7.29～7.33（m，2H，—ArH），7.27（s，1H，—ArH），7.19（s，1H，—ArH），7.06（d，J = 6.96 Hz，1H，—ArH），7.02（s，1H，—ArH），6.73（s，1H，—ArH），3.91（t，J=5.88 Hz，2H，—CH_2），3.75（s，3H，CH_3），3.66（s，4H，CH_2），3.34（t，J = 7.96 Hz，1H，CH），2.99（t，J=7.96 Hz，1H，CH），2.42（s，6H，CH_3），1.87～1.93（s，2H，CH_2）。^{13}C NMR（100 MHz，D_2O）：δ 178.92，156.45，153.34，151.95，147.36，1444.68，141.77，138.18，128.94，125.17，123.66，121.65，108.34，105.30，101.15，67.30，66.20，60.17，55.61，54.74，52.53，36.34，25.04。MS（ESI^+）m/z：511.5 $[M+H]^+$。

(20) 2-((4 羟基-3-(7-甲氧基-6-(3-吗啉代丙基）喹唑啉-4-氨基）苯基）甲基）丙二酸（41b）

合成方法同化合物 39a。^{1}H NMR（400 MHz，D_2O）：δ 8.15（s，1H，—CH），7.43（s，1H，—ArH），7.31（s，1H，—ArH），6.89（s，1H，—ArH），6.78～6.84（m，1H，—ArH），6.54（d，J = 8.28 Hz，1H，—ArH），3.98～4.06（m，2H，—CH_2），3.63（s，3H，CH_3），3.32（s，

4H，CH_2)，3.29（t，J=7.72 Hz，1H，CH)，2.86（d，J=7.72 Hz，2H，CH_2)，2.44（s，6H，CH_3)，1.88（t，J=8.56 Hz，2H，CH_2)。^{13}C NMR（100 MHz，D_2O)：δ 179.54，157.30，156.49，153.54，152.64，147.52，144.61，127.61，125.86，125.40，123.90，118.32，108.91，105.64，101.74，67.55，66.17，60.68，55.75，54.61，52.39，35.86，24.91。MS（ESI^+）m/z：527.6［M+H］$^+$。

(21) 2-((2-氯-5-(7-甲氧基-6-(3-吗啉代丙基）喹唑啉-4-氨基）苯基）甲基）丙二酸（41c)

合成方法同化合物 39a。^{1}H NMR（400 MHz，D_2O)：δ 8.16（s，1H，—CH)，7.44（s，1H，—ArH)，7.31（s，1H，—ArH)，6.89（s，1H，—ArH)，6.78～6.89（m，1H，—ArH)，6.55（d，J=8.28 Hz，1H，—ArH)，4.04（s，2H，CH_2)，3.84（s，3H，CH_3)，3.64（s，4H，—CH_2)，3.31（t，J=7.72 Hz，1H，—CH)，2.86（d，J=7.72 Hz，2H，—CH_2)，2.4（s，6H，CH_3)，1.88（t，J=8.56 Hz，2H，—CH_2)。MS（ESI^+）m/z：573.5［M+H］$^+$。

(22) 2-((4-(6，7-甲氧基喹唑啉-4-氨基）苯基）甲基）丙二酸（42a)

合成方法同化合物 39a。^{1}H NMR（400 MHz，D_2O)：δ 7.79（s，1H，—CH)，7.11（d，J=7.44 Hz，2H，—ArH)，7.05（d，J=8.20 Hz，2H，—ArH)，6.61（s，1H，—ArH)，6.38（s，1H，—ArH)，3.47（s，6H，CH_3)，3.32（t，J=7.84 Hz，1H，—CH)，2.81（d，J=7.92 Hz，2H，—CH_2)。^{13}C NMR（100 MHz，D_2O)：δ 178.96，155.82，152.87，151.31，147.39，144.14，137.70，135.13，128.96，123.90，107.48，104.66，99.42，60.28，55.36，35.83。MS（ESI^+）m/z：398.13［M+H］$^+$。

(23) 2-((4-(6，7-二（2-甲氧乙氧基喹唑啉-4-氨基）苯基）甲基）丙二酸（42b)

合成方法同化合物 39a。^{1}H NMR（400 MHz，DMSO)：δ 8.53（s，1H，—CH)，7.92（s，1H，—ArH)，7.63（d，J=8.32 Hz，2H，—ArH)，7.27（d，J=8.36 Hz，2H，—ArH)，7.24（s，1H，—ArH)，4.29（s，4H，

CH_2)，3.75～3.79 (m，4H，CH_2)，3.62 (t，J=7.68 Hz，1H，—CH)，3.36 (s，6H，CH_3)，3.06 (d，J=6.48 Hz，2H，—CH_2)。^{13}C NMR (100 MHz，DMSO)：δ 170.21，156.80，154.08，151.80，148.35，137.59，134.41，128.72，122.95，108.39，106.17，103.87，70.04，69.97，68.52，58.33，53.37，33.73。MS (ESI^+) m/z：486.4 $[M+H]^+$。

(24) 2-((4-(7-甲氧基-6-(3-吗啉代丙基) 喹唑啉-4-氨基) 苯基) 甲基) 丙二酸 (42c)

合成方法同化合物 39a。^{1}H NMR (400 MHz，D_2O)：δ 8.07 (s，1H，—CH)，7.40 (d，J=8.36 Hz，2H，—ArH)，7.35 (d，J=8.36 Hz，2H，—ArH)，6.86 (s，1H，—ArH)，6.63 (s，1H，—ArH)，3.74～3.86 (m，9H，CH_2和 CH_3)，3.47 (t，J=8.00 Hz，1H，—CH)，3.11 (d，J=7.88 Hz，2H，—CH_2)，2.45～2.50 (m，6H，CH_2)，1.93 (t，J=8.00 Hz，2H，—CH_2)。MS (ESI^+) m/z：539.5 $[M+H]^+$。

7.6 晶体结构的测定

化合物的单晶衍射数据在 Bruker SMART APEX-Ⅱ CCD 面探衍射仪使用石墨单色器单色化的 Mo-K α射线 (λ=0.71073 Å) (1Å=0.1 nm) 以变速扫描方式收集，温度为 296 (2) K。数据经过半经验吸收校正，衍射数据的还原和晶体结构解析使用 SHELXTL-97 程序包完成[109]。晶体结构使用直接法由 Fourier 技术解出。表 7.1 列出了化合物的包括晶体参数、数据收集及修正在内的有关实验情况。

表 7-3 化合物 38a 和 38c 的晶体数据和精修参数

化合物	38a	38c
分子式	$C_{22}H_{23}N_3O_6$	$C_{28}H_{34}N_4O_7$
Mr	425.16	538.24
晶系	三斜晶系	单斜晶系
空间群	P-1	P2 (1)/n

续表

化合物	38a	38c
a/Å	7.134 (10)	9.6225 (9)
b/Å	8.966 (12)	26.711 (3)
c/Å	33.44 (5)	11.4358 (11)
α/°	90	90
β/°	90	108.788 (2)
γ/°	90	90
V/Å^3	2139 (5)	2939 (2)
Z	4	2
Dc/g·cm^{-3}	1.500	1.286
μ /mm^{-1}	0.131	0.093
F (000)	1027	1144
晶体尺寸(mm)	0.26×0.18×0.14	0.24×0.20×0.18
θ角范围	1.22～27.79	2.03～26.00
衍射点收集/独立衍射点	11689/4725	15066/5455
基于 F^2 的 GOOF 值	0.894	1.063
R_{int}	0.1175	0.043
R_1[a], wR_2[b] $[I>2\sigma(I)]$	0.1124, 0.3150	0.0586, 0.1488
R_1, wR_2 (all data)	0.2369, 0.3722	0. 0.1029, 0.1707
精修后残余电子密度的峰、谷值 /e·Å^{-3}	0.394, −0.714	0.487, −0.405

a) $R_1=\sum\|F_o|-|F_c\|/\sum|F_o|$; b) $wR_2=\{\sum[w(F_o^2-F_c^2)^2]/\sum[w(F_o^2)^2]\}^{1/2}$。

7.7 化合物的晶体结构

用 X-射线衍射测定了化合物 38a 和 38c 的晶体结构。化合物 38a 和 38c 的晶体在空气中稳定存在，晶体通过缓慢挥发甲醇溶液得到。附录 1 中表 S_1～S_{11} 分别列出了它们的键长和键角，图 7-1 和图 7-2 分别给出了化合物 38a 和 38c 的分子结构图。CCDC 申请号码分别为 1031103 和 1031104。

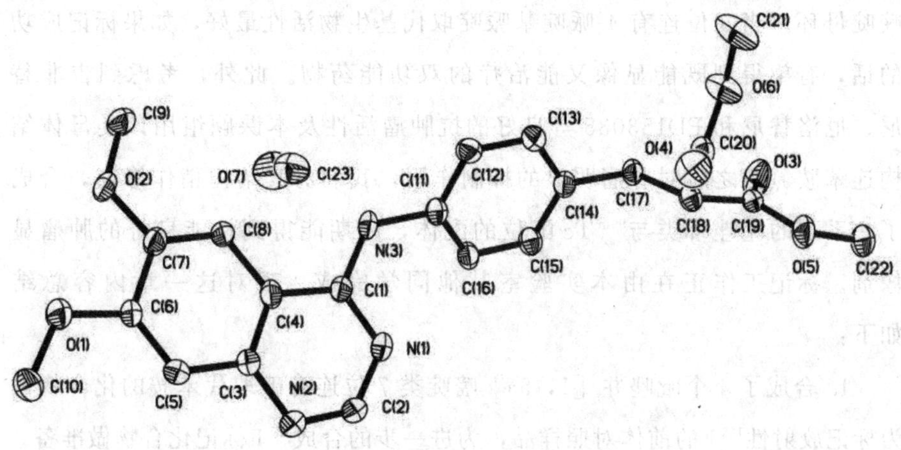

图 7-1　化合物 38a 的分子结构

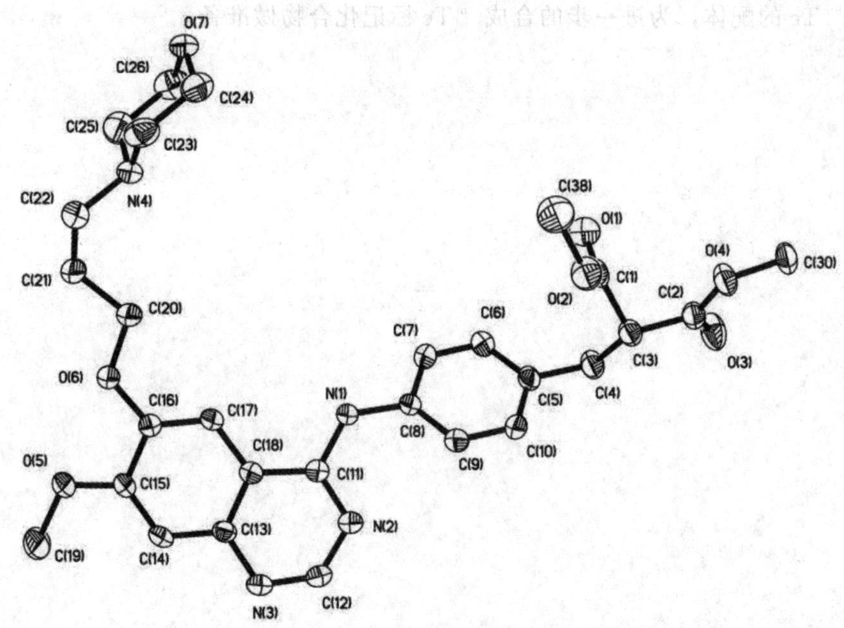

图 7-2　化合物 38c 的分子结构

7.8　小　结

本研究中吡唑并嘧啶部分所选取的是经过结构修饰的吡唑并［1，5a］

嘧啶母环，当5位连有4-哌啶基哌啶取代基生物活性最好，如果标记成功的话，有望得到既能显像又能治疗的双功能药物。此外，考虑到吉非替尼、厄洛替尼和PD153035等良好的抗肿瘤活性及本课题组用该类母体结构连苯胺氮芥之后对肿瘤明显的抑制作用，我们对其结构稍作修饰，合成了一系列的喹唑啉类与^{99m}Tc配位的配体，以期能得到性能良好的肿瘤显像剂。标记工作正在由本实验室其他同学完成。现对这一章内容总结如下：

1. 合成了4个吡唑并［1，5a］嘧啶类7位连有碘取代苯胺的化合物作为标记放射性^{125}I的前体对照样品，为进一步的合成^{125}I标记化合物做准备。

2. 合成了12个喹唑啉类含有两个羧基配位基团的化合物作为标记放射性^{99m}Tc的配体，为进一步的合成^{99m}Tc标记化合物做准备。

|参考文献|

[1] SCHAFER K. The cell cycle: a review [J]. Veterinary Pathology Online, 1998, 55: 461-478.

[2] TOOGOOD R L. Cyclin-dependent kinase inhibitors for treating cancer [J]. Med. Res., 2001, 27: 487-498.

[3] VERMEULEN K, VAN BOCKSTAELE D R, BEMEMAN Z N. The cell cycle: a review of regulation, deregulation and therapeutic targets in cancer [J]. Cell Prolif., 2003, 36: 131-149.

[4] NURSE P. Genetic control of cell size at cell division in yeast [J]. Nature, 1975, 256: 547-551.

[5] MALUM M, BARBACID M. To cycle or not to cycle: a critical decision incancer [J]. Nat. Rev. Cancer, 2001, 1: 222-231.

[6] CICENAS J, VALIUS M. The CDK inhibitors in cancer research andtherapy [J]. J. Cancer Res. Clinoncol, 2011, 137: 1409-1418.

[7] HIRAI H, KAWANISHI N, IWASAWA Y. Recent advances in the development of selective small molecule inhibitors for cyclin-dependentkinases [J]. Curr. Top. Med. Chem., 2005, 5 (2): 167-179.

[8] KRUZ Z, OTYEPKA M, BURTOV I, et al. Analysis of CDK2 activesitehydration: a method to design new inhibitors [J]. Proteins, 2004, 55 (2): 258-274.

[9] AHN Y M, VOGETI L, LIU C J, et al. Design, synthesis, and antiproliferativeand CDK2-cyclin a inhibitory activity of novel flavopiridola-

nalogues [J]. Bioorg Med Chem, 2007, 15 (2): 702 - 713.

[10] TOURNEAUCL L E, FAIVRE S, LAURENCE V, et al. Phase Ievaluation of seliciclib (R-roscovitine), a novel oral cyclin-dependentkinase inhibitor, in patients with advanced malignancies [J]. Eur. J. Cancer., 2010, 46 (18): 3243 - 3250.

[11] TONG W G, CHEN R, PLUNKETT W, et al. Phase I and pharmacologic study of SNS-032, a potent and selective Cdk2, 7, and 9 inhibitor, in patients with advanced chronic lymphocytic leukemia and multiple myeloma [J]. J. Clin. Oncol, 2010, 28 (18): 3015 - 3022.

[12] SQUIRES M S, FELTELL R E, WALLIS N G, et al. Biologicalcharacterization of AT7519, a small-molecule inhibitor of cyclindependentkinases, in human tumor cell lines [J]. Mol. Cancer Ther., 2009, 8 (2): 324 - 332.

[13] WYATT P G, WOODHEAD A J, BERDINI V, et al. Boulstridgeidentification of N-(4-Piperidinyl)-4-(2, 6-dichlorobenzoylamino)-1H-pyrazole-3-carboxamide (AT7519), a novel cyclindependentkinase inhibitor using fragment-based X-Ray crystallographyand structure based drug design [J]. J. Med. Chem., 2008, 51 (16): 4986 - 4999.

[14] BERKOFSKY-FESSLER W, NGUYEN T Q, DELMAR P, et al. Preclinical biomarkers for a cyclin-dependent kinase inhibitor translate to candidate pharmacodynamic biomarkers in phase I patients. [J]. Mol. Cancer Ther., 2009, 8 (9): 2517 - 2525.

[15] FRY D W, HARVEY P J, KELLER P R, et al. SpeciWc inhibition of cyclin-dependent kinase 4/6 by PD 0332991 and associated antitumor activity in human tumor xenografts [J]. Mol. Cancer Ther., 2004, 3 (11): 1427 - 1438.

[16] JONAS C, MINDAUGASV. The CDK inhibitors in cancer research and therapy [J]. J. Cancer Res. Clin. Oncol., 2011, 137: 1409 - 1418.

[17] JOSHI K S, RATHOS M J, JOSHI R D, et al. In vitro antitumor properties of a novel cyclin-dependent kinase inhibitor [J]. Mol. Cancer Ther., 2007, 6 (3): 918-925.

[18] JORDA R, PARUCH K, KRYSTOF V. Cyclin-dependent kinaseInhibitors Inspired by Roscovitine: Purine Bioisosteres [J]. Curr. Pharm. Des., 2012, 18 (20): 2974-2980.

[19] LI Y, GAOW M, LI F, et al. An in silico exploration of the interaction mechanism of pyrazolo [1, 5-a] pyrimidine type CDK2 inhibitors [J]. Mol. BioSyst., 2013, 9: 2266-2281.

[20] NUGIEL D A. Indenopyrazoles as Novel Cyclin Dependent Kinase (CDK) Inhibitors [J]. J. Med. Chem., 2001, 44 (9): 1334-1336.

[21] NUGIEL D A. Synthesis and Evaluation of Indenopyrazoles as Cyclin-Dependent Kinase Inhibitors. 2. Probing the Indeno Ring Substituent Pattern. J. Med. Chem., 2002. 45 (24): 5224-5232.

[22] YUE E W. Synthesis and Evaluation of Indenopyrazoles as Cyclin-Dependent Kinase Inhibitors. 3. Structure Activity Relationships at C3 (1, 2) [J]. J. Med. Chem., 2002, 45 (24): 5233-5248.

[23] MISRA R N, RAWLINS D B, XIAO H Y, et al. 1H-pyrazolo [3, 4-b] pyridineinhibitors of cyclin-dependent kinases [J]. Bioorg. Med. Chem. Lett., 2003, 13 (6): 1133-1136.

[24] PEVARELLO P, BRASCA M G, AMICI R, et al. 3-Aminopyrazole inhibitors of CDK2/cyclin A as antitumor agents. 1. Lead finding [J]. J. Med. Chem., 2004, 47 (13): 3367-3380.

[25] PEVARELLO P, BRASCA M G, ORSINI P, et al. 3-Aminopyrazole inhibitors ofCDK2/cyclin A as antitumor agents. 2. Lead optimization [J]. J. Med. Chem., 2005, 48 (8): 2944-2956.

[26] INGRID C, CHOONG I S, FAN J F, et al. A diaminocyclohexyl analog of SNS-032 with improved permeability andbioavailability proper-

ties [J]. Bioorg. Med. Chem. Lett. , 2008, 8: 5763 - 5765.

[27] FLORENCE P, GUY F, CEDRIC S, et al. Pyrazolo [1, 5-a]-1, 3, 5-triazine as a Purine Bioisostere: Access to Potent Cyclin-Dependent Kinase Inhibitor (R)-Roscovitine Analogue [J]. J. Med. Chem. , 2009, 52: 655 - 663

[28] PRASHI J, PATRICK T, FLAHERTY S Y, et al. Design, synthesis, and testing of an 6-O-linked series of benzimidazolebased inhibitors of CDK5/p25 Madura [J]. Bioorg. Med. Chem. , 2011, 19 (1) : 359 - 373.

[29] DOLECKOVá I, CESNEK M, DRACINSKY M, et al. Synthesis and biologicalevaluation of guanidino analogues of roscovitine [J]. Eur. J. Med. Chem. , 2013, 62 (4) : 443 - 452.

[30] DOUGLAS S W, MARTIN J P, JUSTIN F B, et al. Structure-guided design of pyrazolo [1, 5-a] pyrimidines as inhibitors of human cyclin-dependent kinase 2 [J]. Bioorg. Med. Chem. Lett. , 2005, 15: 863 - 867.

[31] WYATT P G, WOODHEAD A J, BERDINI V, et al. Identification of N-(4-Piperidinyl)-4-(2, 6-dichlorobenzoylamino)-1H-pyrazole-3-carboxamide (AT7519), a Novel Cyclin Dependent Kinase Inhibitor Using Fragment-Based X-Ray Crystallography and Structure Based Drug Design [J]. J. Med. Chem. 2008, 51: 4986 - 4999.

[32] LANE M E, YU B, RICE A, et al. Inhibitors of human cyclin-dependent kinase2 [J]. Cancer Res. , 2001, 61: 6170 - 6177.

[33] PARUCH K. Pyrazolo [1, 5-a] pyrimidines as orally available inhibitors of cyclin-dependent kinase 2 [J]. Bioorg. Med. Chem. Lett. , 2007. 17 (22): 6220 - 6223.

[34] YANONG D, WANGA E H, WU B Q, et al. Synthesis, SAR study and biological evaluation of novel pyrazolo [1, 5-a] pyrimidin-7-yl phenyl amides as anti-proliferative agents [J]. Bioorg. Med. Chem. , 2009, 17: 2091 - 2100.

[35] OSAMA M, AHMEDA M A, MOHAMED R R, et al. Synthesis and anti-tumor activities of some new pyridines and pyrazolo [1, 5-a] pyrimidines [J]. Eur. J. Med. Chem., 2009, 44: 3519 - 3523.

[36] HEATHCOTE D A. A Novel Pyrazolo [1, 5-a] pyrimidine Is a Potent Inhibitor of Cyclin-Dependent Protein Kinases 1, 2, and 9, Which Demonstrates Antitumor Effects in Human Tumor Xenografts Following Oral Administration [J]. J. Med. Chem., 2010. 53 (24): 8508 - 8522.

[37] KOSUGI T. Mitogen-Activated Protein Kinase-Activated Protein Kinase 2 (MAPKAP-K2) as an AntⅡnflammatory Target: Discovery and in Vivo Activity of Selective Pyrazolo [1, 5-a] pyrimidine Inhibitors Using a Focused Library and Structure-Based Optimization Approach [J]. J. Med. Chem., 2012, 55 (15): 6700 - 6715.

[38] KAMAL A. Synthesis of pyrazolo [1, 5-a] pyrimidine linked aminobenzothiazole conjugates as potential anticancer agents [J]. Bioorg. Med. Chem. Lett., 2013. 23 (11): 3208 - 3215.

[39] JIANG J K. Discovery of 3-(4-sulfamoylnaphthyl) pyrazolo [1, 5-a] pyrimidines as potent and selective ALK2 inhibitors [J]. J. Med. Chem. 2019, 62: 378 - 384.

[40] Fouda A M, Abbas H A S, Ahmed E H, et al. Synthesis, In Vitro Antimicrobial and Cytotoxic Activities of Some New Pyrazolo [1, 5-a] pyrimidine Derivatives [J]. Molecules, 2019, 24 (1080): 1 - 20.

[41] 赵永梅. 芳香氮芥衍生物的合成及生理活性研究 [M].

[42] LOEBER R, MICHAELSON E, FANG Q M, et al. Cross-Linking of the DNA Repair Protein O6-Alkylguanine DNA Alkyltransferase to DNA in the Presence of Antitumor Nitrogen Mustards [J]. Chem. Res. Toxicol. 2008, 21: 787 - 795.

[43] TAIT D, LIN T. Pentostatin, Cyclophosphamide, andRituximab Regimen in Older Patients With Chronic Lymphocytic Leukemia [J]. Canc-

er, 2007, 109: 2291-2298.

[44] SCOTT D, YOUNG M W, JONATHAN C S, et al. Phase Ⅱ Clinical TrialResults Involving Treatment with Low-Dose Daily Oral Cyclophosphamide, WeeklyVinblastine, and Rofecoxib in Patients with Advanced Solid Tumors [J]. Clin. Cancer Res., 2006, 12: 3092-3098.

[45] NORBERT B. The History of the OxazaphosphorineCytostatics [J]. Cancer, 1996, 78: 542-547.

[46] PETRI M. Cyclophosphamide: new approaches for systemic lupus erythematosus [J]. Lupus, 2004, 13: 366-371.

[47] MAKHANI N, GORMAN M P. Cyclophosphamide therapy in pediatric multiplesclerosis [J]. Neurology, 2009, 72: 2076-2082.

[48] 祁昕欣．异环磷酰胺的合成．吉林大学，2007.

[49] 陈瑞宝，刘继红．药物治疗前列腺癌进展．医药导报，2011，30 (4): 466-469.

[50] ROBAK T, KASZNICKI M. Alkylating agents and nucleoside analogues in thetreatment of B cell chronic lymphocytic leukemia [J]. Leukemia, 2002, 16: 1015-1027.

[51] ZOTOS A, MARINOS E, SEKERI-PATARYAS K E, et al. A morphological study of theeffect of chlorambucil during the S and G2 phases of the cell cycle of synchronizedHEp-2 cancer cell populations using computerized morphometry [J]. Micron., 2000, 31: 623-629.

[52] RAIJA S, KIMMO M. Pharmacokinetics of Chlorambucilin Patients with Chronic Lymphocytic Leukaemia: Comparison of Different Days, Cycles and Doses [J]. Pharmacol. Toxicol., 2000, 87: 223-228.

[53] DALIA M, SHEREEN M. Chlorambucil-Adducts in DNA Analyzed at the Oligonucleotide Level Using HPLC-ESI MS [J]. Chem. Res. Toxicol., 2009, 22: 1435-1446.

[54] 陈栋，盐酸苯达莫司汀．中国药物化学杂志 2009，19 (2): 159-160.

[55] DREYLING, A. In Bendamustine is a hybrid antimetabolite and alkylating agent offering new therapeutic options for the treatment of non-Hodgkin lymphomas, Hematology Meeting Reports (formerly Haematologica Reports), 2009.

[56] BLUMEL S, GOODRICH A, MARTIN C, et al. Bendamustine: a novel cytotoxic agent for hematologic malignancies. Clin. J. Oncol. Nurs., 2008, 12 (5): 799 - 806.

[57] LEONI L M, BAILEY B, REIFERT J, et al. Bendamustine (Treanda) Displays a Distinct Pattern of Cytotoxicity and Unique Mechanistic Features Compared with Other Alkylating Agents. [J] Clin. Cancer. Res., 2008, 14: 309 - 317.

[58] STRUMBERG D, HARSTRICK A, DOLL K, et al. Bendamustine hydrochloride activity against doxorubicin-resistant human breast carcinoma cell lines [J]. Anticancer Drugs., 1996, 7: 415 - 421.

[59] PATRIZIA F, SARA B H. Melphalan and its role in the management ofpatients with multiple myeloma. [J] Expert Rev. Anticancer Ther., 2007, 7: 945 - 957.

[60] SHONDA D P, ENRIQUE H. Melphalan for the Treatment of Patients With Recurrent Epithelial Ovarian Cancer. [J] Am. J. Clin. Oncol. (CCT) . 2003, 26: 429 - 433.

[61] ZWEEGMAN S, HUIJGENS P C. Treatment of myeloma: recent developments [J]. Anti-Cancer Drugs. 2002, 13: 339 - 351.

[62] KOYAMA M, TAKAHASHI K, CHOU T C, et al. Intercalating Agents with Covalent Bond Forming Capability. A Novel Type of Potential Anticancer Agents. 2. 'Derivatives of Chrysophanol and Emodin [J]. J. Med. Chem. 1989, 32: 1594 - 1599.

[63] PIER G B, ROMEO R, ANTONIO E G, et al. Design, Synthesis, and Biological Activity of Hybrid Compounds between Uramustine and

DNA Minor Groove Binder Distamycin A [J]. J. Med. Chem. 2002, 45: 3630 - 3638.

[64] FERLIN M G, VIA L D, GIA O M. Synthesis and antiproliferative activity of some new DNA-targeted alkylating pyrroloquinolines [J]. Bioorg. Med. Chem., 2004, 12: 771 - 777.

[65] BEATRICE C, FRANCESCA P, ARMANDO A. Synthesis and biological activity of mustard derivatives of combretastatins [J]. Bioorg. Med. Chem., 2005, 15: 3551 - 3554.

[66] KAPURIYA N. Novel DNA-directed alkylating agents: Design, synthesis and potent antitumor effect of phenyl N-mustard-9-anilinoacridine conjugates via a carbamate or carbonate linker [J]. Bioorg. Med. Chem., 2009. 17 (3): 1264 - 1275.

[67] KAPURIYA N, KAPURIYA K, DONG H J, et al. Novel DNA-directed alkylating agents: Design, synthesis and potent antitumor effect of phenyl N-mustard-9-anilinoacridine conjugates via a carbamate or carbonate linker [J]. Bioorg. Med. Chem., 2009, 17: 1264 - 1275.

[68] KAKADIYA R, DONG H J, KUMAR A, et al. Potent DNA-directed alkylating agents: Synthesis and biological activity of phenyl N-mustard-quinoline conjugates having a urea or hydrazinecarboxamide linker [J]. Bioorg. Med. Chem., 2010, 18: 2285 - 2299.

[69] MARVANIA B. Design, synthesis and antitumor evaluation of phenyl N-mustard-quinazoline conjugates. [J]. Bioorg. Med. Chem., 2011. 19 (6): 1987 - 1998.

[70] KAPURIYA N, KAKADIY R, DONG H J, et al. Design, synthesis, and biological evaluation of novel water-soluble N-mustards as potential anticancer agents [J]. Bioorg Med Chem, 2011, 19: 471 - 485.

[71] RAJESH B M, KAKADIYA W C, CHEN T L, et al. The synthesis and biological evaluation of new DNA-directedalkylating agents, phen-

yl N-mustard-4-anilinoquinoline conjugatescontaining a urea linker [J]. Eur. J. Med. Chem. , 2014, 83: 695 - 708.

[72] REN J, XU H J, CHENG H, et al. Synthesis and antitumor activity of formononetin nitrogen mustard derivatives [J]. Eur. J. Med. Chem. , 2012, 54: 175 - 187.

[73] BASTIEN D, HANNA R, LEBLANC V, et al. Synthesis and preliminary in vitro biological evaluation of 7a-testosteroneechlorambucil hybrid designed for the treatment of prostate cancer [J]. Eur. J. Med. Chem. , 2013, 64: 442 - 447.

[74] LI S L, WANG X, H E Y, et al. Design and synthesis of novel quinazoline nitrogen mustardderivatives as potential therapeutic agents for cancer [J]. Eur. J. Med. Chem. , 2013, 67: 293 - 301.

[75] XU S. Novel Hybrids of Natural Oridonin-Bearing Nitrogen Mustards as Potential Anticancer Drug Candidates [J]. ACS Med. Chem. Lett. , 2014, 5 (7): 797 - 802.

[76] BELLOTTO S. Phage Selection of Photoswitchable Peptide Ligands. Journal of the American Chemical Society [J]. 2014. 136 (16): 5880 - 5883.

[77] TALA S D, OU T H, LIN Y W, et al. Design and synthesis of potent antitumor water-soluble phenyl N-mustard-benzenealkylamide conjugates via a bioisostere approach [J]. Eur. J. Med. Chem. 2014, 76: 155 - 169.

[78] ACHARYA P C, BANSAL R. Hybrids of Steroid and Nitrogen Mustard as Antiproliferative Agents: Synthesis, In Vitro Evaluation and In Silico Inverse Screening [J]. Drug Res. , 2018, 68 (02): 100 - 103.

[79] 刘伟平，高文桂，普绍平，等．药学进展，2001，25：27 - 31.

[80] WONG E, GIANDOMENICO C M. Current Status of Platinum-Based Antitumor [J]. Drugs. Chem. Rev. 1999, 99: 2451 - 2466.

[81] 崔凯，王联红，陈永江，等．铂类抗肿瘤配合物的研究进展．无机化学学报，2005，21：1115 - 1121.

[82] 刘伟平，张永俐，孙加林．铂类抗癌药物展望．贵金属，2005，26：47 - 52.

[83] ANGEL M，MONTANA C B. The rational design of anticancer platinum complexes ：the importance of the structure-activity relationship [J]. Curr. Med. Chem. 2009，16：2235 - 2260.

[84] 王伸勇，张荣久，张奕华，等．铂类抗肿瘤药物的研究现状．药学进展. 2004，28：253 - 257.

[85] GALANSKI M，JAKUPEC M A，KEPPLER B K. Update of the preclinical situation of anticancer platinum complexes：novel design strategies and innovative analytical approaches [J]. Curr. Med. Chem.，2005，12：2075 - 2094.

[86] SONG R，KIM Y S，SOHNY S. Synthesis and selective tumortargeting p roperties of water soluble porphyrin-Pt（Ⅱ）conjugates [J]. J Inorg. B chem.，2002，89（122）：83288.

[87] SONG R，KIMY S，LEE C O，et al. Synthesis and antitumor activity of DNA binding cationic porphyrin-platinum（Ⅱ）complexes [J]. Tetrahedron Lett.，2003，44（8）：153721540.

[88] DESCOTEAUX C，PROVENCHER2MANDEV ILLE J，MATH IEUI，et al. Synthesis of 17β-estradiol p latinum（Ⅱ）complexes：biological evaluation on breast cancer cell lines [J]. Bioorg. Med. Chem. Lett.，2003，13（22）：392723931.

[89] MOMEKOV G，BAKALOVA A，KARA IVANOVA M. Novel approaches towards development of non-classical platinum-basedantineoplastic agents：design of platinum complexes characterizedby an alternative DNA-binding pattern and /or tumor-targeted cytotoxicity [J]. Curr. Med. Chem.，2005，12（19）：2177 - 2191.

[90] BARBARA C, ORLAND I P, BOCCI G, et al. In vitro and in vivo antitumour effects of novel, orally active bile acid-conjugatedplatinum complexes on rat hepatoma [J]. Eur. J. Pharm. Acol., 2006, 549 (123): 27-34.

[91] MARGIOTTA N, OSTUNI R, RANALDO R, et al. Synthesis and characterization of a platinum (II) complex tethered to a ligand of the peripheral benzodiazepine receptor [J]. J. Med. Chem., 2007, 50: 1019-1027.

[92] MARGIOTTA N N, OSTUNI D R, LAQUINTANA V, et al. Platinum (II) complexes with bioactive carrier ligands having high affinity for the translocator protein [J]. J. Med. Chem., 2010, 53: 5144-5154.

[93] GUPTA A, K S, LEBLANC M V, Synthesis and cytotoxic activity of benzopyran-based platinum (II) complexes [J]. Bioorg. Med. Chem. Lett., 2008, 18: 3982-3987.

[94] DVORÁK L, POPA I, TARHA P S, et al. In Vitro Cytotoxic-Active Platinum (Ⅱ) Complexes Derived from Carboplatinand Involving Purine Derivatives [J]. Eur. J. Inorg. Chem., 2010, 3441-3448.

[95] IWONAŁ, MARZENA F, TADEUSZ, M, et al. Structure-cytotoxicity relationship for different types of mononuclear platinum (Ⅱ) complexes with 5, 7-ditertbutyl-1, 2, 4-triazolo [1, 5-a] pyrimidine [J]. J. Inorg. Biochem., 2012, 115: 100-105.

[96] LUO X J, QIN Q P, LAN Y, et al. Three platinum (Ⅱ) complexes of 2-(methoxy-phenyl)-imidazo -[4, 5-f]-[1, 10] phenanthroline: cell apoptosis induction by sub-G1 phase cell cycle arrest andG-quadruplex binding properties [J]. Inorg. Chem. Commun., 2014, 46: 176-179.

[97] ELISABETTA G, ELENA P, DIEGO B. Conjugation between maleimide-containing Pt (IV) prodrugs and furan or furan-containing drug de-

livery vectors via Diels-Alder cycloaddition [J]. Inorg. Chim. Acta., 2019, 488: 195-200.

[98] STEFANO A, ANNA A, MAURIZIO B, et al. Hit Identification and Biological Evaluation of Anticancer Pyrazolopyrimidines Endowed with Anti-inflammatoryActivity [J]. Chem. Med. Chem., 2010, 5 (8): 1242-1246.

[99] GEORGE C F P. Pyrazolopyrimidines [J]. Lancet 2001, 357 (9293): 1623-1626.

[100] ZASK A, VERHEIJEN J C, CURRAN K, et al. ATP-CompetitiveInhibitors of the Mammalian Target of Rapamycin: Design and Synthesis of Highly Potentand Selective Pyrazolopyrimidines [J]. J. Med. Chem., 2009, 52 (16): 5013-5016.

[101] CURRAN K J, VERHEIJEN J C, KAPLAN J, et al. Pyrazolopyrimidines as highly potent and selective, ATP-competitive inhibitors of themammalian target of rapamycin (mTOR): Optimization of the 1-substituent [J]. Bioorg. Med. Chem. Lett., 2010, 20 (4): 1440-1444.

[102] MANETTI F, SANTUCCI A, LOCATELLI G A, et al. Identification of a Novel Pyrazolo [3, 4-d] pyrimidine Able To Inhibit Cell Proliferation of aHuman Osteogenic Sarcoma in Vitro and in a Xenograft Model in Mice [J]. J. Med. Chem. 2007, 50 (23): 5579-5588.

[103] KRISTJAN S, GUDMUNDSSON B A, JOHNS J W. Pyrazolopyrimidines andpyrazolotriazines with potent activity against herpesviruses [J]. Bioorg. Med. Chem. Lett., 2009, 19 (19): 5689-5692.

[104] SCHENONE S, BRUNO O, RANISE A, et al. New pyrazolo [3, 4-d] pyrimidinesendowed with A431 antiproliferative activity and inhibitory properties of Srcphosphorylation [J]. Bioorg. Med. Chem. Lett., 2004, 14 (10): 2511-2517.

[105] AYMN E, RASHAD M I, HEGAB R E. Abdel-Megeid, Jehan A.

Micky，FaroukM. E. Abdel-Megeid. Synthesis and antiviral evaluation of some new pyrazole and fusedpyrazolopyrimidinederivatives [J]. Bioorg. Med. Chem.，2008，16 (15)：7102-7106.

[106] POWELL D，GOPALSAMY A，WANG Y D，et al. Pyrazolo [1，5-a] pyrimidin-7-yl phenyl amides as novelantiproliferative agents：Exploration of core and headpiece structure-activityrelationships [J]. Bioorg. Med. Chem. Lett. 2007，17 (6)：1641－1645.

[107] GOPALSAMY A，YANG H，ELLINGBOE J W，et al. Dennis Powell，Miriam Miranda，John P. McGinnis，Sridhar K. Rabindran. Pyrazolo [1，5-a] pyrimidin-7-ylphenyl amides as novel anti-proliferative agents：parallelsynthesis for lead optimization of amide region [J]. Bioorg. Med. Chem. Lett. 2005，15 (6)：1591－1594.

[108] TIMOTHY J G，CHATHAM N J，KAMIL P，et al. Preparation of novel pyrazolopyrimidines as cyclin dependent kinase inhibitors. U. S. Pat. Appl. Publ.，20060041131.

[109] SHELDRICK G M. SHELXS-97 and SHELEXL-97，Program for the solution and refinement of crystal structures. University of Göttingen，Germany，1997.

[110] THIESSEN G，THIESSEN H. Microspectrophotometric Cell Analysis. Progress in Histochemistry and Cytochemistry，1977，9：Ⅲ-156.

[111] ALLEY M C，SCUDIERO D A，MONKS A，et al. Feasibility of drug screening with panels of human tumor cell lines using a microculture tetrazolium assay [J]. Cancer research，1988，48：589－601.

[112] FAYARD E，TINTIGNAC L，BARDRY A，et al. Protein kinase B/Akt at a glance [J]. J. Cell Sci. 2005，118：5675－5688

[113] KARLEEN M N，NEIL G A. The protein kinase B/Akt signalling pathway in human malignancy [J]. Cell. Signal.，2002，14：381－395.

[114] SPAN L，PENNINGS A，VIERWINDEN，G，et al. The dynamic

process of apoptosis analyzed by flow cytometry using Annexin-V/ propidium iodide and a modified in situ end labeling technique [J]. Cytometry, 2002, 47: 24 - 31.

[115] LIU S, EDWARD D S. 99mTc-labeled small peptides as diagnostic radiopharmaceuticals [J]. Chem. Rev. , 1999, 2235 - 2268.

[116] LIU S, EDWARDS D S, BARRETT J A. 99mTc-labeling of highly potent small peptides [J]. Bioconjugate Chem. , 1977, 8: 621 - 636.

[117] RAFAEL T M DE ROSALES, ÅRSTAD E, BLOWER P J. Nuclear imaging of molecular processes in cancer [J]. Targ Oncol, 2009, 4: 183 - 197.

[118] ZHANG J M, TIAN J H, LI T R, et al. 99mTc-AMD3100: A novel potential receptor-targeting radiopharmaceutical for tumor imaging [J]. Chin. Chem. Lett. , 2010. 21 (4): 461 - 463.

[119] ZHANG Y Q, SUN Y H, XU X P, et al. Radiosynthesis and micro-SPECT imaging of 99mTc-dendrimer poly (amido) -amine folic acid conjugate [J]. Bioorg. Med. Chem. Lett. , 2010. 20 (3): 927 - 931.

[120] SANGEETA R B, MRUDULA P, CATHERINE A F, et al. Effect of Chelators on the Pharmacokinetics of 99mTc-Labeled Imaging Agents for the Prostate-Specific Membrane Antigen (PSMA) [J]. J. Med. Chem. , 2013, 56: 6108 - 6121.

[121] ERFANI M, AHRABI N Z, SHAFIEI M, et al. A 99mTc-tricine-HYNIC-labeled peptide targeting the neurotensin receptor for single-photon imaging in malignant tumors [J]. J. Label Compd. Radiopharm, 2014, 57: 125 - 131.

[122] ALTIPARMAK B, LAMBRECHT F Y, ER O. Design of 99mTc-DTPA-CLP and Preliminary Evaluation in Rats [J]. Chem. Biol. Drug. Des. , 2014, 83: 362 - 366.

[123] LIM J K, NEGASH K, HANRAHAM S M, et al. Synthesis of 4-(3'-

[1251] iodoanilino)-6, 7- dialkoxyqunazolines: radiolabeled epidermal growth factor receptor/Ligand complexs in intact carcinoma cells by quinazoline tyrosine kinase inhibitors [J]. Cancer Res. , 2001, 61 (15): 5790 - 5795.

[124] CELIA F, CRISTINA O, LURDES G, et al. Radioiodination of new EGFR inhibitors as potential SPECT agent for molecular imaging of breast cancer [J]. Bioorg. Med. Chem. , 2007, 15: 3974 - 3980.

[125] DARREN G, MARIA P M, CELINE J M. A novel anti-cancer bifunctional platinum drug candidate with dual DNA binding and histone deacetylase inhibitory activity [J]. Chem. Commun. , 2009, 6735 - 6737.

|附 录|

代表性化合物选择的键长和键角见表 $S_1 \sim S_{11}$。

表 S_1 选择的键长和键角（7m，9a）

7m				9a			
键长［Å］		键角［°］		键长［Å］		键角［°］	
N(1)—C(1)	1.348(6)	C(1)—N(1)—C(9)	125.9(4)	C11—C19	1.8017(18)	C5—N2—C3	115.32(14)
N(1)—C(9)	1.430(5)	C(3)—N(2)—C(4)	115.2(4)	C12—C17	1.7956(17)	C1—N3—C5	122.51(14)
N(2)—C(3)	1.337(5)	C(1)—N(3)—C(4)	122.1(4)	N2—C5	1.340(2)	N4—N3—C5	113.84(13)
N(2)—C(4)	1.341(5)	C(1)—N(3)—N(4)	124.0(4)	N2—C3	1.341(2)	C7—N4—N3	103.14(13)
N(3)—C(1)	1.371(5)	C(4)—N(3)—N(4)	113.9(3)	N3—C1	1.372(2)	N1—C1—N3	116.51(14)
N(3)—C(4)	1.374(5)	C(6)—N(4)—N(3)	102.9(4)	N3—N4	1.3752(19)	N1—C1—C2	128.88(15)
N(3)—N(4)	1.375(5)	N(3)—C(1)—C(2)	114.8(4)	N3—C5	1.383(2)	N3—C1—C2	114.61(15)
N(4)—C(6)	1.317(5)	C(1)—C(2)—C(3)	116.1(4)	N4—C7	1.328(2)	C1—C2—C3	120.58(15)
C(1)—C(2)	1.377(6)	N(2)—C(3)—C(2)	120.5(4)	N6—C13	1.394(2)	N2—C3—C2	123.90(15)
C(2)—C(3)	1.400(6)	N(2)—C(4)—N(3)	123.6(4)	N6—C16	1.455(2)	N2—C5—N3	123.05(15)
C(3)—C(8)	1.490(6)	N(2)—C(4)—C(5)	132.4(4)	N6—C18	1.463(2)	N2—C5—C6	132.79(16)
C(4)—C(5)	1.396(6)	N(3)—C(4)—C(5)	104.0(4)	C1—C2	1.386(2)	N3—C5—C6	104.15(14)
C(5)—C(6)	1.398(6)	C(4)—C(5)—C(6)	105.7(4)	C2—C3	1.398(2)	C5—C6—C7	105.52(15)
C(5)—C(7)	1.422(7)	N(4)—C(6)—C(5)	113.5(4)	C5—C6	1.403(2)	N4—C7—C6	113.34(15)

表 S_2 选择的键长和键角(9b，8i)

9b				8i			
键长［Å］		键角［°］		键长［Å］		键角［°］	
N1—C6	1.364(5)	C6—N1—C3	122.3(3)	C11—C18	1.788(6)	C3—N1—C6	123.0(4)
N1—C3	1.371(5)	C6—N1—N2	124.1(3)	C12—C20	1.775(7)	C3—N1—N2	113.0(4)
N1—N2	1.378(5)	C3—N1—N2	113.5(3)	N1—C3	1.370(6)	C6—N1—N2	123.7(4)
N2—C1	1.314(6)	C1—N2—N1	103.7(3)	N1—C6	1.379(6)	C1—N2—N1	103.6(4)
N3—C3	1.337(5)	C3—N3—C4	114.6(3)	N1—N2	1.378(6)	C3—N4—C4	115.7(4)
N3—C4	1.340(5)	N2—C1—C2	113.5(4)	N2—C1	1.328(7)	C15—N6—C19	122.0(5)
N6—C12	1.390(6)	C3—C2—C1	104.8(4)	N3—C7	1.129(7)	C15—N6—C17	119.6(5)
N6—C17	1.444(6)	N3—C3—N1	123.5(4)	N4—C3	1.333(6)	C19—N6—C17	118.1(5)
N6—C15	1.482(6)	N1—C3—C2	104.6(3)	N4—C4	1.334(6)	N2—C1—C2	113.2(5)
C1—C2	1.410(6)	N3—C4—C5	124.9(4)	N5—C6	1.336(6)	C1—C2—C3	105.2(4)
C2—C3	1.411(6)	C5—C4—C8	121.8(4)	N5—C11	1.449(6)	N4—C3—N1	123.1(4)
C4—C5	1.388(5)	C4—C5—C6	119.4(4)	N6—C15	1.377(7)	N4—C3—C2	131.9(4)
C5—C6	1.387(6)	N1—C6—C5	115.3(4)	N6—C19	1.436(7)	N1—C3—C5	105.0(4)
C15—C16	1.506(8)	C4—C8—Cl1	112.4(3)	N6—C17	1.448(8)	N4—C4—C8	124.7(5)

表 S_3　选择的键长和键角(8a, 8b)

8a				8b			
键长［Å］		键角［°］		键长［Å］		键角［°］	
N(1)—C(1)	1.348(6)	C(1)—N(1)—C(9)	125.9(4)	N(1)—C(1)	1.337(4)	C(1)—N(1)—C(9)	124.4(3)
N(1)—C(9)	1.430(5)	C(3)—N(2)—C(4)	115.2(4)	N(1)—C(9)	1.425(4)	C(4)—N(2)—C(3)	115.1(3)
N(2)—C(3)	1.337(5)	C(1)—N(3)—C(4)	122.1(4)	N(2)—C(4)	1.332(4)	C(1)—N(3)—N(4)	123.9(3)
N(2)—C(4)	1.341(5)	C(1)—N(3)—N(4)	124.0(4)	N(2)—C(3)	1.339(4)	C(1)—N(3)—C(4)	122.5(3)
N(3)—C(1)	1.371(5)	C(4)—N(3)—N(4)	113.9(3)	N(3)—C(1)	1.369(4)	N(4)—N(3)—C(4)	113.5(2)
N(3)—C(4)	1.374(5)	C(6)—N(4)—N(3)	102.9(4)	N(3)—N(4)	1.376(3)	C(6)—N(4)—N(3)	103.4(3)
N(3)—N(4)	1.375(5)	N(3)—C(1)—C(2)	114.8(4)	N(3)—C(4)	1.379(4)	N(3)—C(1)—C(2)	115.2(3)
N(4)—C(6)	1.317(5)	C(1)—C(2)—C(3)	116.1(4)	N(4)—C(6)	1.323(4)	C(1)—C(2)—C(3)	119.5(3)
C(1)—C(2)	1.377(6)	N(2)—C(3)—C(2)	120.5(4)	O(1)—C(19)	1.497(16)	N(2)—C(3)—C(2)	124.6(3)
C(2)—C(3)	1.400(6)	N(2)—C(4)—N(3)	123.6(4)	C(1)—C(2)	1.379(4)	N(2)—C(3)—C(8)	115.9(3)
C(3)—C(8)	1.490(6)	N(2)—C(4)—C(5)	132.4(4)	C(2)—C(3)	1.397(4)	C(2)—C(3)—C(8)	119.5(3)
C(4)—C(5)	1.396(6)	N(3)—C(4)—C(5)	104.0(4)	C(3)—C(8)	1.505(4)	N(2)—C(4)—N(3)	122.9(3)
C(5)—C(6)	1.398(6)	C(4)—C(5)—C(6)	105.7(4)	C(4)—C(5)	1.402(4)	N(2)—C(4)—C(5)	132.7(3)
C(5)—C(7)	1.422(7)	N(4)—C(6)—C(5)	113.5(4)	C(5)—C(6)	1.404(4)	N(3)—C(4)—C(5)	104.4(3)

表 S_4　选择的键长和键角(9i, 9g)

9i				9g			
键长［Å］		键角［°］		键长［Å］		键角［°］	
N(1)—C(3)	1.363(3)	C(3)—N(1)—N(2)	113.59(19)	F(1)—C(8)	1.257(5)	C(3)—N(1)—N(2)	113.4(3)
N(1)—N(2)	1.374(3)	C(3)—N(1)—C(6)	123.0(2)	F(2)—C(8)	1.241(6)	C(3)—N(1)—C(6)	123.2(3)
N(1)—C(6)	1.383(3)	N(2)—N(1)—C(6)	123.4(2)	F(3)—C(8)	1.245(5)	N(2)—N(1)—C(6)	123.4(3)
N(2)—C(1)	1.320(3)	C(1)—N(2)—N(1)	103.2(2)	N(1)—C(3)	1.377(4)	C(1)—N(2)—N(1)	103.2(3)
N(3)—C(7)	1.141(3)	C(3)—N(4)—C(4)	116.0(2)	N(1)—N(2)	1.370(4)	C(4)—N(4)—C(3)	113.8(3)
N(4)—C(3)	1.329(3)	C(6)—N(5)—C(11)	130.3(2)	N(1)—C(6)	1.361(4)	C(6)—N(5)—C(9)	125.2(3)
N(4)—C(4)	1.339(3)	N(2)—C(1)—C(2)	113.6(2)	N(2)—C(1)	1.321(5)	N(2)—C(1)—C(2)	113.5(3)
C(1)—C(2)	1.396(4)	C(1)—C(2)—C(3)	104.9(2)	N(4)—C(4)	1.327(4)	C(1)—C(2)—C(3)	105.2(3)
C(2)—C(3)	1.408(3)	N(4)—C(3)—N(1)	122.7(2)	N(4)—C(3)	1.338(4)	N(4)—C(3)—N(1)	122.5(3)
C(4)—C(5)	1.414(3)	N(4)—C(3)—C(2)	132.6(2)	N(5)—C(6)	1.329(4)	N(4)—C(3)—C(2)	132.8(3)
C(4)—C(8)	1.503(4)	N(1)—C(3)—C(2)	104.7(2)	C(1)—C(2)	1.400(5)	N(1)—C(3)—C(2)	104.7(3)
C(5)—C(6)	1.395(3)	N(4)—C(4)—C(5)	124.8(2)	C(2)—C(3)	1.391(5)	N(4)—C(4)—C(5)	127.5(3)
C(5)—C(9)	1.514(3)	C(6)—C(5)—C(4)	117.9(2)	C(4)—C(5)	1.381(5)	C(4)—C(5)—C(6)	117.7(3)
C(9)—C(10)	1.505(4)	N(1)—C(6)—C(5)	115.5(2)	C(5)—C(6)	1.392(4)	N(1)—C(6)—C(5)	115.2(3)

表 S_5　选择的键长和键角(8c, 9h)

8c				9h			
键长［Å］		键角［°］		键长［Å］		键角［°］	
N(1)—N(2)	1.367(3)	N(2)—N(1)—C(6)	124.2(2)	N(1)—N(2)	1.372(2)	N(2)—N(1)—C(8)	123.96(17)
N(1)—C(6)	1.370(3)	N(2)—N(1)—C(3)	113.5(2)	N(1)—C(8)	1.375(3)	N(2)—N(1)—C(3)	113.74(16)
N(1)—C(3)	1.382(3)	C(6)—N(1)—C(3)	122.3(2)	N(1)—C(3)	1.379(2)	C(8)—N(1)—C(3)	122.30(17)
N(2)—C(1)	1.328(4)	C(1)—N(2)—N(1)	102.8(2)	N(2)—C(5)	1.326(3)	C(5)—N(2)—N(1)	103.27(17)
N(4)—C(4)	1.334(4)	C(4)—N(4)—C(3)	115.4(2)	N(4)—C(2)	1.328(3)	C(2)—N(4)—C(3)	116.50(17)
N(4)—C(3)	1.337(4)	N(2)—C(1)—C(2)	114.0(3)	N(4)—C(3)	1.333(3)	C(8)—N(5)—C(9)	126.32(18)
N(5)—C(6)	1.352(4)	C(1)—C(2)—C(3)	105.2(3)	N(5)—C(8)	1.351(3)	C(8)—C(1)—C(2)	121.12(19)
N(5)—C(10)	1.428(3)	N(4)—C(3)—N(1)	122.7(2)	N(5)—C(9)	1.427(3)	N(4)—C(2)—C(1)	122.40(19)
C(1)—C(2)	1.389(4)	N(4)—C(3)—C(2)	132.9(3)	C(1)—C(8)	1.380(3)	N(4)—C(3)—N(1)	123.09(18)
C(2)—C(3)	1.397(4)	N(1)—C(3)—C(2)	104.5(3)	C(1)—C(2)	1.416(3)	N(4)—C(3)—C(4)	132.84(19)
C(4)—C(5)	1.398(4)	N(4)—C(4)—C(5)	124.3(3)	C(2)—C(7)	1.493(3)	N(1)—C(3)—C(4)	104.07(17)
C(4)—C(8)	1.509(5)	C(6)—C(5)—C(4)	119.9(3)	C(3)—C(4)	1.410(3)	C(5)—C(4)—C(3)	105.38(19)
C(5)—C(6)	1.370(4)	N(5)—C(6)—C(5)	130.4(3)	C(4)—C(5)	1.395(3)	N(2)—C(5)—C(4)	113.5(2)
C(8)—C(9)	1.502(6)	N(5)—C(6)—N(1)	114.2(3)	C(4)—C(6)	1.423(3)	N(1)—C(8)—C(1)	114.31(17)

表 S_6 选择的键长和键角(8h，24b)

8h				24b			
键长 [Å]		键角 [°]		键长 [Å]		键角 [°]	
N(1)—C(6)	1.370(2)	C(6)—N(1)—N(2)	123.77(16)	N(1)—C(6)	1.362(3)	N(2)—C(1)—C(2)	113.6(2)
N(1)—N(2)	1.373(2)	C(6)—N(1)—C(3)	122.84(16)	N(1)—N(2)	1.362(3)	C(1)—C(2)—C(3)	105.2(2)
N(1)—C(3)	1.377(2)	N(2)—N(1)—C(3)	113.35(15)	N(1)—C(3)	1.382(3)	N(3)—C(3)—N(1)	123.3(2)
N(2)—C(1)	1.323(3)	C(1)—N(2)—N(1)	103.51(16)	N(2)—C(1)	1.321(4)	N(3)—C(3)—C(2)	132.8(2)
N(3)—C(7)	1.138(3)	C(4)—N(4)—C(3)	116.04(17)	N(3)—C(3)	1.332(3)	N(1)—C(3)—C(2)	103.9(2)
N(4)—C(4)	1.332(3)	N(2)—C(1)—C(2)	113.05(18)	N(3)—C(4)	1.335(3)	N(3)—C(4)—C(5)	124.0(2)
N(4)—C(3)	1.335(2)	C(3)—C(2)—C(1)	105.49(17)	C(1)—C(2)	1.396(4)	C(6)—C(5)—C(4)	119.6(2)
N(5)—C(6)	1.342(3)	N(4)—C(3)—N(1)	123.32(17)	C(2)—C(3)	1.408(3)	N(6)—C(6)—N(1)	116.5(2)
N(5)—C(9)	1.432(2)	N(4)—C(3)—C(2)	132.08(18)	C(4)—C(5)	1.401(3)	N(6)—C(6)—C(5)	127.6(2)
N(6)—C(13)	1.389(3)	N(1)—C(3)—C(2)	104.60(16)	C(5)—C(6)	1.375(3)	N(1)—C(6)—C(5)	115.9(2)
C(1)—C(2)	1.404(3)	N(4)—C(4)—C(5)	122.55(17)				
C(2)—C(3)	1.395(3)	C(6)—C(5)—C(4)	121.27(17)				
C(4)—C(5)	1.415(3)	N(5)—C(6)—N(1)	115.41(17)				
C(5)—C(6)	1.388(3)	N(5)—C(6)—C(5)	130.74(18)				

表 S_7 选择的键长和键角(15b，19a)

15b				19a			
键长 [Å]		键角 [°]		键长 [Å]		键角 [°]	
N(1)—N(2)	1.371(7)	N(2)—N(1)—C(6)	125.1(4)	N(1)—C(6)	1.355(7)	N(2)—C(1)—C(2)	113.4(5)
N(1)—C(6)	1.403(7)	N(2)—N(1)—C(3)	112.8(4)	N(1)—N(2)	1.363(7)	C(3)—C(2)—C(1)	105.6(5)
N(1)—C(3)	1.403(7)	C(6)—N(1)—C(3)	121.9(4)	N(1)—C(3)	1.367(7)	C(3)—C(2)—C(7)	126.9(6)
N(2)—C(1)	1.323(8)	C(1)—N(2)—N(1)	103.2(4)	N(2)—C(1)	1.310(8)	C(1)—C(2)—C(7)	127.4(6)
N(3)—C(3)	1.332(7)	C(3)—N(3)—C(4)	115.1(4)	N(3)—C(4)	1.327(7)	N(3)—C(3)—N(1)	122.4(5)
N(3)—C(4)	1.364(7)	N(2)—C(1)—C(2)	115.9(5)	N(3)—C(3)	1.332(8)	N(3)—C(3)—C(2)	132.7(6)
N(6)—C(14)	1.441(9)	C(1)—C(2)—C(3)	103.8(5)	N(5)—C(9)	1.449(8)	N(1)—C(3)—C(2)	104.7(6)
N(6)—C(11)	1.510(7)	N(3)—C(3)—N(1)	123.4(4)	N(7)—C(6)	1.339(7)	N(3)—C(4)—C(5)	124.4(6)
C(1)—C(2)	1.383(8)	N(3)—C(3)—C(2)	132.2(4)	C(1)—C(2)	1.384(9)	C(6)—C(5)—C(4)	120.7(5)
C(2)—C(3)	1.436(7)	N(1)—C(3)—C(2)	104.3(4)	C(2)—C(3)	1.373(8)	N(7)—C(6)—N(1)	117.9(5)
C(4)—C(5)	1.421(7)	N(3)—C(4)—C(5)	124.5(4)	C(4)—C(5)	1.374(8)	N(7)—C(6)—C(5)	127.6(5)
C(5)—C(6)	1.382(7)	C(6)—C(5)—C(4)	119.7(4)	C(5)—C(6)	1.357(8)	N(1)—C(6)—C(5)	114.6(5)

表 S_8 选择的键长和键角(11a，15a)

11a				15a			
键长 [Å]		键角 [°]		键长 [Å]		键角 [°]	
N(1)—N(2)	1.371(4)	N(2)—N(1)—C(6)	123.9(3)	N(1)—C(3)	1.375(7)	N(2)—C(1)—C(2)	115.5(5)
N(1)—C(6)	1.372(4)	N(2)—N(1)—C(3)	113.7(3)	N(1)—N(2)	1.384(5)	C(7)—C(2)—C(1)	129.6(6)
N(1)—C(3)	1.387(4)	C(6)—N(1)—C(3)	122.4(3)	N(1)—C(6)	1.393(7)	C(7)—C(2)—C(3)	128.3(5)
N(2)—C(1)	1.334(4)	C(1)—N(2)—N(1)	103.3(3)	N(2)—C(1)	1.306(8)	C(1)—C(2)—C(3)	102.0(5)
N(3)—C(4)	1.334(4)	C(4)—N(3)—C(3)	115.3(3)	N(3)—C(4)	1.327(7)	N(3)—C(3)—N(1)	122.7(5)
N(3)—C(3)	1.350(4)	N(2)—C(1)—C(2)	113.1(3)	N(3)—C(3)	1.338(6)	N(3)—C(3)—C(2)	131.4(5)
N(6)—C(6)	1.349(4)	C(3)—C(2)—C(1)	105.8(3)	N(5)—N(9)	1.470(6)	N(1)—C(3)—C(2)	105.9(4)
C(1)—C(2)	1.401(5)	N(3)—C(3)—N(1)	122.5(3)	N(7)—C(6)	1.309(6)	N(3)—C(4)—C(5)	125.2(4)
C(2)—C(3)	1.399(5)	N(3)—C(3)—C(2)	133.3(3)	C(1)—C(2)	1.424(8)	C(6)—C(5)—C(4)	119.9(5)
C(4)—C(5)	1.403(5)	N(1)—C(3)—C(2)	104.2(3)	C(2)—C(3)	1.441(7)	N(7)—C(6)—N(1)	117.0(4)
C(4)—C(8)	1.515(5)	N(3)—C(4)—C(5)	124.4(3)	C(4)—C(5)	1.407(7)	N(7)—C(6)—C(5)	130.0(5)
C(5)—C(6)	1.378(5)	C(6)—C(5)—C(4)	120.1(3)	C(5)—C(6)	1.402(6)	N(1)—C(6)—C(5)	113.0(4)

表 S_9　选择的键长和键角(24m，24o)

24m				24o			
键长[Å]		键角[°]		键长[Å]		键角[°]	
N(1)—C(3)	1.336(2)	C(3)—N(1)—C(4)	114.96(16)	N(1)—C(4)	1.333(3)	C(4)—N(1)—C(3)	114.8(2)
N(1)—C(4)	1.334(3)	N(3)—N(2)—C(6)	123.94(16)	N(1)—C(3)	1.335(3)	C(6)—N(2)—C(3)	122.6(2)
N(2)—N(3)	1.370(2)	N(3)—N(2)—C(3)	113.93(16)	N(2)—C(6)	1.370(3)	N(3)—N(2)—C(3)	113.7(2)
N(2)—C(6)	1.369(2)	C(1)—N(3)—N(2)	103.20(16)	N(2)—N(3)	1.372(3)	N(3)—C(1)—C(2)	113.4(3)
N(2)—C(3)	1.383(2)	N(3)—C(1)—C(2)	113.28(18)	N(2)—C(3)	1.373(4)	C(1)—C(2)—C(3)	105.4(3)
N(3)—C(1)	1.328(3)	C(1)—C(2)—C(3)	105.75(17)	N(3)—C(1)	1.326(4)	N(1)—C(3)—N(2)	123.2(2)
N(6)—C(6)	1.340(2)	N(1)—C(3)—N(2)	123.29(17)	N(6)—C(6)	1.345(3)	N(1)—C(3)—C(2)	132.5(3)
C(1)—C(2)	1.398(3)	N(2)—C(3)—C(2)	103.84(16)	C(1)—C(2)	1.393(5)	N(2)—C(3)—C(2)	104.3(2)
C(2)—C(3)	1.405(3)	N(1)—C(4)—C(5)	124.56(18)	C(2)—C(3)	1.404(4)	N(1)—C(4)—C(5)	124.7(2)
C(4)—C(5)	1.398(3)	C(6)—C(5)—C(4)	119.86(18)	C(4)—C(5)	1.398(4)	C(6)—C(5)—C(4)	119.7(2)
C(5)—C(6)	1.379(3)	N(2)—C(6)—C(5)	115.22(17)	C(5)—C(6)	1.378(4)	N(2)—C(6)—C(5)	114.9(2)

表 S_{10}　选择的键长和键角(26)

26							
键长[Å]		键角[°]		键长[Å]		键角[°]	
Pt(1)—N(3)	1.978(10)	N(3)—Pt(1)—N(1)	81.7(4)	N(5)—C(3)—N(2)	120.7(12)		
Pt(1)—N(1)	2.021(11)	N(3)—Pt(1)—N(4)	81.7(4)	N(5)—C(3)—C(2)	136.0(13)		
Pt(1)—N(4)	2.061(11)	N(1)—Pt(1)—N(4)	163.3(4)	N(2)—C(3)—C(2)	103.3(11)		
Pt(1)—I(1)	2.6051(11)	N(3)—Pt(1)—I(1)	178.6(3)	N(5)—C(4)—C(5)	125.0(12)		
N(1)—C(1)	1.326(16)	N(1)—Pt(1)—I(1)	98.3(3)	C(4)—C(5)—C(6)	120.4(12)		
N(1)—N(2)	1.366(14)	N(4)—Pt(1)—I(1)	98.3(3)	N(3)—C(6)—N(2)	113.5(10)		
N(2)—C(3)	1.387(16)	C(1)—N(1)—N(2)	106.7(10)	N(3)—C(6)—C(5)	135.6(12)		
N(2)—C(6)	1.396(15)	C(1)—N(1)—Pt(1)	144.5(9)	N(2)—C(6)—C(5)	110.9(11)		
N(3)—C(6)	1.320(17)	N(2)—N(1)—Pt(1)	108.8(8)	N(6)—C(8)—C(2)	178.3(14)		
N(3)—C(9)	1.432(14)	N(1)—N(2)—C(3)	113.0(10)	N(3)—C(9)—C(10)	105.8(10)		
N(4)—C(10)	1.484(18)	N(1)—N(2)—C(6)	120.4(10)	N(4)—C(10)—C(9)	109.2(11)		
N(5)—C(3)	1.301(17)	C(3)—N(2)—C(6)	126.4(10)				
N(5)—C(4)	1.367(18)	C(6)—N(3)—C(9)	126.4(11)				
N(6)—C(8)	1.123(17)	C(6)—N(3)—Pt(1)	115.6(8)				
C(1)—C(2)	1.421(18)	C(9)—N(3)—Pt(1)	118.0(9)				
C(2)—C(3)	1.435(19)	C(10)—N(4)—Pt(1)	107.1(8)				
C(4)—C(5)	1.37(2)	C(3)—N(5)—C(4)	116.5(12)				
C(5)—C(6)	1.426(18)	N(1)—C(1)—C(2)	110.3(11)				
C(9)—C(10)	1.55(2)	C(1)—C(2)—C(3)	106.6(11)				

表 S_{11} 选择的键长和键角(24m，24o)

38a				38c			
键长［Å］		键角［°］		键长［Å］		键角［°］	
O(1)—C(6)	1.363(8)	C(2)—N(1)—C(1)	116.1(6)	N(1)—C(11)	1.361(3)	C(11)—N(2)—C(12)	115.7(2)
O(6)—C(20)	1.321(8)	C(2)—N(2)—C(3)	115.2(5)	N(1)—C(8)	1.412(3)	C(12)—N(3)—C(13)	114.8(2)
O(6)—C(21)	1.473(10)	N(1)—C(1)—C(4)	121.2(6)	N(2)—C(11)	1.330(3)	C(23)—N(4)—C(25)	107.8(2)
O(4)—C(20)	1.182(9)	C(8)—C(4)—C(3)	119.0(6)	N(2)—C(12)	1.342(3)	C(24)—O(7)—C(26)	109.0(2)
N(1)—C(2)	1.342(8)	C(8)—C(4)—C(1)	124.2(6)	N(3)—C(12)	1.302(3)	N(2)—C(11)—C(18)	121.6(2)
N(1)—C(1)	1.341(8)	C(3)—C(4)—C(1)	116.7(6)	N(3)—C(13)	1.377(3)	N(3)—C(12)—N(2)	129.7(2)
N(2)—C(2)	1.289(8)	N(2)—C(3)—C(4)	121.5(6)	N(4)—C(23)	1.441(4)	N(3)—C(13)—C(18)	121.9(2)
N(2)—C(3)	1.389(8)	N(2)—C(3)—C(5)	118.6(5)	N(4)—C(25)	1.452(4)	N(3)—C(13)—C(14)	118.4(2)
O(2)—C(7)	1.352(7)	C(4)—C(3)—C(5)	119.8(6)	O(6)—C(16)	1.359(3)	C(18)—C(13)—C(14)	119.6(2)
O(2)—C(9)	1.412(8)	C(6)—C(5)—C(3)	120.6(6)	O(6)—C(20)	1.410(3)	C(15)—C(14)—C(13)	120.6(2)
C(1)—C(4)	1.410(9)	N(2)—C(2)—N(1)	129.0(6)	O(7)—C(24)	1.401(3)	C(14)—C(15)—O(5)	125.4(2)
C(4)—C(8)	1.425(9)	C(7)—C(8)—C(4)	120.5(6)	O(7)—C(26)	1.420(4)	C(14)—C(15)—C(16)	120.2(2)
C(4)—C(3)	1.385(9)	C(5)—C(6)—O(1)	126.3(6)	C(11)—C(18)	1.429(3)	O(5)—C(15)—C(16)	114.4(2)
C(3)—C(5)	1.421(9)	C(5)—C(6)—C(7)	120.2(6)	C(13)—C(18)	1.399(3)	C(17)—C(16)—O(6)	125.9(2)
C(5)—C(6)	1.334(9)	O(1)—C(6)—C(7)	113.5(5)	C(13)—C(14)	1.404(3)	C(17)—C(16)—C(15)	119.8(2)
C(8)—C(7)	1.348(9)	C(8)—C(7)—O(2)	125.1(6)	C(14)—C(15)	1.355(3)	O(6)—C(16)—C(15)	114.3(2)
				C(15)—C(16)	1.424(3)	C(16)—C(17)—C(18)	120.7(2)
				C(16)—C(17)	1.356(3)	C(13)—C(18)—C(17)	118.9(2)
				C(17)—C(18)	1.417(3)	C(13)—C(18)—C(11)	116.0(2)
				C(23)—C(24)	1.471(4)	C(17)—C(18)—C(11)	125.0(2)
				C(25)—C(26)	1.495(4)	N(4)—C(23)—C(24)	111.5(3)